水利水电建筑工程高水平专业群工作手册式系列教材

典型水工建筑物设计实训

主　编　李梅华　赵海滨

主　审　焦爱萍

中国水利水电出版社

www.waterpub.com.cn

·北京·

内 容 提 要

　　本书是高职专科水利水电建筑工程国家级高水平专业群建设特色课程教材、工作手册式教材、项目化实训教材。本书包括工作须知、工作任务书、土石坝枢纽总体布置、土石坝结构设计、土石坝地基处理、土石坝的计算与分析、溢洪道设计、设计图识读与模型制作等内容。

　　本书可供水利水电建筑工程专业群师生和水利设计人员使用，读者可根据自身需要选择不同的模块进行训练。

图书在版编目（ＣＩＰ）数据

典型水工建筑物设计实训 / 李梅华，赵海滨主编
. -- 北京 ： 中国水利水电出版社，2022.5
水利水电建筑工程高水平专业群工作手册式系列教材
ISBN 978-7-5226-0854-9

Ⅰ．①典… Ⅱ．①李… ②赵… Ⅲ．①水工建筑物－建筑设计－高等职业教育－教材 Ⅳ．①TV6

中国版本图书馆CIP数据核字(2022)第132847号

书　　　名	水利水电建筑工程高水平专业群工作手册式系列教材 **典型水工建筑物设计实训** DIANXING SHUIGONG JIANZHUWU SHEJI SHIXUN
作　　　者	主编　李梅华　赵海滨 主审　焦爱萍
出 版 发 行	中国水利水电出版社 （北京市海淀区玉渊潭南路 1 号 D 座　100038） 网址：www.waterpub.com.cn E-mail：sales@mwr.gov.cn 电话：(010) 68545888（营销中心）
经　　　售	北京科水图书销售有限公司 电话：(010) 68545874、63202643 全国各地新华书店和相关出版物销售网点
排　　　版	中国水利水电出版社微机排版中心
印　　　刷	天津嘉恒印务有限公司
规　　　格	184mm×260mm　16 开本　10 印张　243 千字
版　　　次	2022 年 5 月第 1 版　2022 年 5 月第 1 次印刷
印　　　数	0001—2000 册
定　　　价	**39.00 元**

前　言

依据《国家职业教育改革实施方案》《职业教育提质培优行动计划（2020—2023 年）》《关于实施中国特色高水平高职学校和专业建设计划的意见》《关于推动现代职业教育高质量发展的意见》等文件中关于职业教育的"三教"改革任务，落实我校国家级"双高计划"建设方案实施，提升职业教育专业和课程教学质量，培养千万计的高素质技术技能人才，为经济社会发展提供优质人才资源支撑。

本教材是高职专科水利水电建筑工程国家级高水平专业群建设特色课程教材、工作手册式教材、项目化实训教材。在绿色发展的新发展理念引领下，引入了水利行业"新技术、新材料、新工艺、新方法"以及国家、行业的新规范，并广泛征求水利一线技术人员意见的基础上编写而成。

本教材设计有以下特点：

（1）工作手册式、项目化实训教材。按照水工建筑物初步设计内容组织课程内容，达到教学过程与生产过程对接；课程内容采用项目化设计，便于老师个性化教学需求。

（2）以我国著名的水利枢纽工程为典型案例、以某一土石坝枢纽工程设计为载体、以能力训练为主，案例导入、问题导向、讲练结合，实现坚定思政、掌握知识、练就技能等课程目标。

（3）以黄河小浪底水利枢纽工程为典型案例，通过案例分析、结合教学内容无声融入大禹精神、水利精神、工匠精神，提高学生的职业素养，培养水利事业建设者和接班人。

（4）可操作性强。教材内容按照水工建筑物设计规范、水利行业设计人员的工作内容、水工建筑物设计步骤来组织课程内容，具有很强的实践操作性。

（5）数字资源建设。配套教学内容，增加了图片、计算案例等数字资源。

本书由黄河水利职业技术学院的李梅华、赵海滨担任主编，工作须知、工作任务书、项目 1、项目 2 由黄河水利职业技术学院的李梅华编写，项目 3、项目 4 中案例及任务 4.2 由黄河水利职业技术学院的赵青编写，项目 5 中案例、任务 5.2 由黄河水利职业技术学院的赵海滨编写，项目 5 中任务 5.1 由黄河水利职业技术学院的张安然编写，项目 5 中任务 5.4、项目 6 由黄河水利职业技术学院的袁斌编写，项目 4 任务 4.1 由黄河水利职业技术学院的赵青、袁斌编写，项目 5 任务 5.3 由黄河水利职业技术学院的王智阳、赵海滨联合编写，全书由黄河水利职业技术学院的焦爱萍教授主审。

在编写过程中，得到了黄河水利职业技术学院的温国利老师、河南省前坪水库建设管理局总工程师皇甫泽华等水利企业、事业单位技术人员支持，在此表示感谢。在本书编写过程中，参考并引用大量的科技文献，因篇幅所限，未能在参考文献中一一列出，在此对有关作者表示感谢。由于水平有限，本书中疏漏或不当之处，恳请广大读者批评指正。

编者

2022 年 3 月

目 录

工作须知

1. 课程性质

"典型水工建筑物设计"课程是水利水电建筑工程专业的一门专业核心技能课程，是技能等级证书课程。本教材以土石坝、溢洪道为典型水工建筑物，分析水工建筑物设计的主要内容、方法、步骤以及达到的成果。本教材引入了《水利水电工程等级划分及洪水标准》（SL 252—2017）、《碾压式土石坝设计规范》（SL 274—2020）、《溢洪道设计规范》（SL 253—2018）等水利行业标准及水利工程建造师等职业标准。本课程的任务是：教会学生分析设计基本资料并依据设计资料完成土石坝、溢洪道等水工建筑物结构初步设计，具备识读水利工程设计图、依据设计图进行施工现场技术指导的能力。

2. 课程目标

通过本课程的学习，使水利水电建筑工程专业的学生具备本专业所必需的土石坝、溢洪道等水工建筑物初步设计；能依据计算结果、设计理念绘制设计图，会进行土石坝模型制作；能够胜任中小型土石坝工程设计、水利水电工程施工管理等岗位工作，具有良好职业道德、工匠精神、创新意识和较强规范意识的高素质技术技能人才。

根据本课程面对的工作任务和职业能力要求，本课程的教学目标为：

（1）素质目标。

1）诚实守信、履行道德准则和行为规范，具有社会责任感和社会参与意识。

2）具有质量意识、环保意识、安全意识、信息素养、工匠精神、创新思维，具备对水利行业认知能力、良好组织、沟通、协调、应变能力。

3）有较强的集体意识和团队合作精神。

4）养成良好的健身与卫生习惯，良好的行为习惯，能适应水利水电工程建设艰苦的工作环境。

（2）知识目标。

1）掌握工程分等、建筑物分级的方法。

2）掌握土石坝坝型选择、断面尺寸拟定、构造设计。

3）掌握土石坝的渗流计算与分析。

4）掌握土石坝的稳定计算与分析。

5）掌握土石坝地基处理方法。

6）掌握溢洪道各部分的尺寸拟定、布置方法。

7）掌握溢洪道的水力设计、稳定分析方法。

8）掌握溢洪道的地基处理方法。

（3）技能目标。

1）能使用信息资源、分析工程背景资料。

2）会使用土石坝、溢洪道等建筑物设计规范、水利水电工程等级划分及洪水标准等规范。

3）能编制中小型土石坝工程设计报告、绘制设计图。

4）能进行土石坝、溢洪道的创新设计。

3．工作项目

本课程教学内容中引入课程思政、水利类水利工程二级建造师等内容，并融入创新创业教育，工作任务书见表0.1。

表 0.1   工 作 任 务 书

模块编号	模块名称	知识与要求	技能与要求	参考课时/天
项目 1	土石坝枢纽总体布置	（1）熟悉资料分析的方法。 （2）熟悉工程分等方法。 （3）掌握建筑物分级方法。 （4）掌握坝型选择的思路。 （5）合理进行枢纽布置	（1）会对工程分等、建筑物分级。 （2）会选择坝型坝址，对枢纽合理布置	5
项目 2	土石坝结构设计	（1）熟悉资料分析的方法。 （2）掌握坝型选择的思路。 （3）掌握断面设计的方法	（1）能合理选择土石坝形式。 （2）能拟定土石坝各部分尺寸	12
项目 3	土石坝地基处理	（1）理解地基处理目的。 （2）掌握砂卵石地基处理方法。 （3）了解其他地基处理方法	会分析地勘资料，并采取合理的方式进行地基处理	1
项目 4	土石坝的计算与分析	（1）掌握渗流分析的方法。 （2）掌握稳定分析的方法。 （3）掌握设计图绘制、设计报告编写方法	（1）会进行渗流分析。 （2）能用瑞典条分法计算坝坡稳定。 （3）会绘制设计图、编写设计报告。 （4）会使用软件进行稳定计算	10
项目 5	溢洪道设计	（1）熟悉溢洪道布置的方法。 （2）掌握溢洪道尺寸确定的方法。 （3）掌握溢洪道水力分析计算。 （4）掌握溢洪道结构设计。 （5）掌握溢洪道地基及边坡处理方法	（1）会溢洪道选线布置。 （2）能确定溢洪道尺寸确定。 （3）会溢洪道水力分析计算。 （4）会溢洪道结构设计。 （5）能对溢洪道地基及边坡处理	10
项目 6（选做）	设计图识读与模型制作	（1）熟悉大坝设计。 （2）掌握大坝结构。 （3）掌握模型制作方法、步骤	（1）能正确辨识、并写出图中各部分尺寸、结构。 （2）能正确写出图中各部分名称、作用。 （3）结合工程，能正确分析评价其优点、缺点、使用条件等。 （4）能把设计图做成模型	6
合　　计				40

4. 组织形式

本课程按照水工建筑物初步设计内容组织课程内容，达到教学过程与生产过程对接；课程内容采用项目化设计，便于师生个性化教学需求。本课程内容以我国著名的水利枢纽工程为典型案例、以某土石坝枢纽工程设计为载体、以能力训练为主，案例导入、问题导向、讲练结合，实现坚定思政、掌握知识、练就技能等课程目标。教学中应用案例教学、工作过程导向教学"教·学·做·评·创"一体化教学等多样化的教学模式，实施讨论式、案例式等教学方法，充分激发学生的学习兴趣和积极性，培养学生自主学习能力，全面提升教学质量。

5. 进程安排

根据本课程的工作任务与职业能力分析，为使学生会进行中小型土石坝工程初步设计，本课程设计了6大学习模块、20个学习任务，见表0.2。

表 0.2　　　　　　　　　　　　教 学 设 计

模块	学习项目名称	学习型工作任务	学时/天	
项目1	第1次课	课程介绍	1	
	土石坝枢纽总体布置	工程等别与建筑物级别划分	1	5
		坝轴线布置	1	
		泄水建筑物布置	1	
		坝型选择	1	
项目2	土石坝结构设计	土石坝断面尺寸拟定	3	12
		坝顶构造设计	2	
		防渗体构造设计	2	
		反滤层、过渡层构造设计	2	
		坝体排水构造设计	1	
		护坡构造设计	1	
		坝面排水设计	1	
项目3	土石坝地基处理	砂砾石地基处理	0.5	1
		岩石地基处理	0.25	
		特殊性土处理方法	0.25	
项目4	土石坝的计算与分析	渗流计算	4.0	10
		稳定计算	4.0	
		绘制设计图整理设计报告	2.0	
项目5	溢洪道设计	溢洪道总体布置	2.0	10
		水力设计	3.0	
		结构设计	3.0	
		地基及边坡处理设计	1.0	
		绘制设计图整理设计报告	1.0	

模块	学习项目名称	学习型工作任务	学时/天	
项目6（选做）	设计图识读与模型制作	工程图识读	2.0	6
		模型制作	4.0	
合　　计			40	

6. 成果要求

（1）设计报告1份。要求计算内容完整，计算结果准确，钢筋选配合理，尽可能以表格形式表达，并附有计算简图；水工建筑物造型及布置方案应做技术经济论述，语句通顺，书写工整美观。

（2）设计图至少2张A2图，包括土石坝设计图、溢洪道设计图、枢纽布置图等。要求布局合理，制图规范，内容正确，标注完整，图面整洁等。

7. 考核评价

"典型水工建筑物设计"课程推行"过程考核＋成果"教学评价模式。课程成绩由过程考核成绩和结业成果成绩两部分组成，各占总成绩的50%。

"过程考核"是对学生平时课程学习的考核，借助智能课堂、专业教学资源库等数字化学习平台实施，考核内容包括课堂考勤、平时作业、资源学习、课堂表现等方面，确定过程考核成绩。

"设计成果"学生提交的设计报告、设计图。

考核标准见表0.3。

表0.3　　　　　　　　　　成果等级考核评价标准

等级	设计成果		过程考核（50%）
	设计报告（30%）	设计图（20%）	
优秀（90～100分）	计算内容完整，计算结果准确，书写工整美观，有创新思想等	布局合理，制图规范，内容正确，标注完整，图面整洁等	无迟到、早退、旷课现象；勤学善问，积极参与讨论、在团队决策中起主导作用，能带领团队完成任务
良好（80～89分）	计算内容完整，计算结果准确，书写较工整等	布局合理，制图规范，内容正确，标注较完整，图面较整洁等	偶尔迟到，无早退、旷课现象；勤学好问，积极参与讨论、能配合团队领导完成任务精神
中等（70～79分）	计算内容较完整，计算结果较准确，书写较工整等	布局较合理，制图较规范，内容较正确，标注较完整，图面较整洁等	偶尔迟到、早退，无旷课现象；参与讨论、能配合团队领导完成任务精神
及格（60～69分）	计算内容基本完整，计算结果基本正确，书写基本工整	布局基本合理，制图基本规范，内容基本正确，标注基本完整，图面基本整洁等	经常迟到、早退，无旷课现象；能配合团队领导完成任务
不及格（<60分）	计算内容不完整，计算结果有较大错误，书写不工整	布局不合理，制图不够规范，内容有较大错误，标注有遗漏，图面不整洁等	经常迟到、早退、旷课；不参与讨论、不能配合团队领导完成任务

8. 参考资源

信息化教学资源：

（1）网站课程：水利水电建筑工程专业国家级教学资源库中"水工建筑物项目化实训包"课程。

（2）多媒体课件。

（3）信息化平台：智能课堂、中国大学慕课《水工建筑物》。

工作任务书

0.1 基本资料

0.1.1 概况

F 水库位于北汝河中游，距县城 18km，控制流域面积 160km²，占总流域面积的 68%。流域为以安山岩为主的石山区，耕地所占比重极小，不到 10%。流域内植被较好，植被度达 70% 以上，北汝河干流全长 41.8km，平均纵坡为 1/98.3。

本地区多年平均年降水量为 950mm，年内分配极为不均，多集中在 7、8 月，占全年降水量的 68%，多年平均径流深 336mm，多年平均径流量 5920 万 m³。根据实测暴雨资料，利用综合单位线，结合历史洪水调查推算求得坝址 100 年一遇洪水为 2080m³/s，1000 年一遇洪水为 2710m³/s，洪水特点是峰高而历时短，持续时间不到一天，主要集中在汛期发生。

北汝河上目前尚无骨干水利工程，根据国民经济发展需要解决灌溉、防洪等问题。有关单位对本工程进行了初步查勘与规划设计工作，选择并规定了该枢纽的任务与有关数据。

F 水库以灌溉为主，兼顾防洪、发电。水库总库容 5030 万 m³，为多年调节水库，在保证率 75% 的情况下，可灌溉北汝河下游南岸农田 10 万亩，灌溉最大引水量 10m³/s，由于来水较大，除利用灌溉用水发电外，还可利用丰水年的弃水发电，电站装机两台，总装机容量 2000kW，全年可发电 300 万度。F 水库的修建可使 50 年一遇洪本洪峰流量由 1840m³/s 削减到 1320 m³/s，1000 一遇洪水洪峰流量由 2710 m³/s 削减到 1980 m³/s，减轻下游洪水灾害。水库养鱼水面面积 2130 亩，库区淹没移民 304 户 1550 人，1590 间房及土地 1490 亩。

0.1.2 水文、气象

（1）本工程位于豫西山区，属易干旱地区，年平均气温约 14℃，年最低气温 −12℃，但延续时间不长，最高气温可达 40℃，夏秋多东南风，冬春多北风，多年平均最大风速为 $V_{max}=10\text{m/s}$，水库最大吹程 1.2km。

（2）水库年蒸发损失深度 400mm，年渗损失深度 500mm。

（3）根据暴雨分析计算得各频率洪峰流量见表 0.1。

表 0.1 不同频率洪峰流量

频率 $P/\%$	2	1	0.5	0.1
洪峰流量 $Q/(\text{m}^3/\text{s})$	1840	2080	2380	2710
24 小时洪量/m^3	3980	4540	5120	5860

（4）洪水过程线（时段 $\Delta t = 2$ 小时）见表 0.2。

表 0.2 洪水过程线

时 段	$P=10\%$	$P=5\%$	$P=2\%$	$P=1\%$	$P=0.1\%$
1	11	13	41	59	
2	82	100	53	115	
3	184	220	123	197	
4	249	300	274	346	
5	621	798	369	506	
6	1133	1487	774	2080	
7	565	621	1840	1259	
8	306	290	342	861	
9	208	221	457	573	
10	157	189	309	430	
11	112	134	285	329	
12	67	68	167	173	
13	25	30	85	78	
14	8	9	38	50	

（5）各时期的流量特征值见表 0.3。

表 0.3 各时期的流量特征值

频率 ＼ 时期	洪 水 期	中 水 期	枯 水 期
5%	700	36	5
2%	1106	72	11

（6）$P=10\%$ 全年各月流量平均值见表 0.4。

表 0.4 $P=10\%$ 全年各月流量平均值

月份	1	2	3	4	5	6
$Q/(\text{m}^3/\text{s})$	0.16	0.12	0.18	0.18	0.22	0.48
月份	7	8	9	10	11	12
$Q/(\text{m}^3/\text{s})$	5.77	2.17	0.61	0.57	0.55	0.35

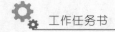

（7）坝址处各月平均降水天数见表 0.5。

表 0.5　　　　　　　　　　坝址处各月平均降水天数

月份	1	2	3	4	5	6
5～10mm	0.43	0.57	1.43	0.97	1.72	2.00
10～20mm	0.14	0.14	0.14	1.57	1.14	1.29
20～30mm	—	—	0.14	0.57	0.43	0.71
>30mm	—	—	—	—	0.29	0.43
月份	7	8	9	10	11	12
5～10mm	2.29	1.57	1.72	1.43	1.57	0.57
10～20mm	2.43	2.72	0.71	0.86	1.00	0.29
20～30mm	1.43	1.43	0.43	0.43	0.43	—
>30mm	2.00	2.29	0.43	0.14	—	—

（8）坝址以下老河道出口水位流量关系曲线。

（9）水库面积、容积与水位关系曲线。

0.1.3　地形、地质

坝址处河谷较窄，宽约 120m，坝基和两岸均为安山岩，所属时代为震旦纪岩层，风化较重，一般风化深 1～3m，两岸岩石裸露，高出河床 50～100m，河床部分基岩埋深一般为 0.1～10cm，大的可达 30cm，含中粗砂，基岩透水性不大。

坝址东岸山坡高峻，岩体完整，风化作用较轻，西岸山坡相对低矮平缓，岩石风化较重，河床东边宽度 30m，中上部坡积层厚数米，下部为褐红黏土胶结的砂卵石，总厚 16m 左右，除局部有小量渗水外，一般透水性较低，下伏安山岩岩面平坦，表面岩石新鲜完整，河床西边约 10m 宽，一般砂卵石厚 10m，不含泥，基岩表面有较多的裂隙，情况不如东边，但仍是良好的地基。河床中部约 90m 范围内的砂卵石厚 20～24m，内部夹有薄层不连续的灰色淤泥，使砂卵石的力学性质有所降低，下伏基岩表层节理发育，钻探所得岩心多为碎块，风化层厚 0.6～3.5m，但钻进中不漏浆，说明其透水性不大，河床中有垂直方向的断层，走向约为北 45°。属受挤压产生的，破碎带宽数米，裂缝闭合。

坝址处沿Ⅰ-Ⅰ轴线地形地质断面图。

该地区地震烈度为 6 度。安山岩物理力学性质指标如下：①重度：26.5kN/m³，坚固系数 8～10；②单位弹性抗力系数 60～80MPa；③弹性模量 $1.6×10^4$MPa。

0.1.4　建筑材料

（1）土料。共有七个土料区，除南堡林场在库区外，其余都在库区，各土料区的土料性质和储量详见表 0.6。

表 0.6　　　　　　　　　　　　土料区的土料性质和储量

土区名称	自然重度/(kN/m³)		自然含水量/%	塑限含水量/%	流限含水量/%	土类	储量/万m³
	范围	平均值					
万水山	16.1~17.1	16.7	21.0	24.70	34.95	重粉质壤土	13.0
后地	15.0~15.7	15.3	19.4	19.35	29.20	中粉质壤土	9.0
东岗	15.8~16.6	16.0	21.3	17.95	29.15	重粉质壤土	4.0
庞湾后山	15.7~16.3	15.3	22.2	—	—	—	1.5
指挥部前	15.3~15.9	15.6	22.2	—	—	—	2.5
庞湾前	15.5~16.0	15.8	21.0	—	—	—	3.0
林场	15.1~16.6	16.3	21.0	—	—	—	5.0

（2）砂卵石。砂卵石分布在大坝上下游河滩，枯水季节河水位降低，上游在坝脚100m 以外，1500m 以内，平均取深 1.5m，约 30 万 m³。下游在坝脚 100m 以外，2000m 以内取深 1.2m，约 18 万 m³，休止角经现场试验最小 32°，最大 40.7°。

（3）石料。石料来源于溢洪道开挖的安山岩。坝体 430m 高程以上堆石粒径建议不小于 300mm，小于 300mm 的用于上下游坝坡，430m 高程以下，孔隙率不得超过 30%。

（4）风化料。在左岸坝头有可供筑坝的风化片麻岩。储量 38 万 m³。其自然休止角 37.5°~39.1°。自然含水量 9%。夯实后干重度平均达 18.1kN/m³（铺厚 25cm）。

（5）土石料的物理力学指标。根据现场和室内实验结果，筑坝土石料可按表 0.7 所列数据进行设计和计算。

表 0.7　　　　　　　　　　　　土石料的物理力学指标

指标		坝基砂卵石	坝体						
			土料	砂卵石		风化料		堆石	
				水上	水下	水上	水下	水上	水下
饱和快剪	φ/度	30	13.86	35	32	35	32	40	28
	C/kPa		23.0						
饱和固结快剪	φ/度		17.8						
	C/kPa		24.1						
比重			2.71	2.71		2.71		2.71	
干重度/(kN/m³)		19.0	16.5	20.0		19.0		19.0	
含水量/%		18.3	7.0	10.0		3.0			
湿容重/(kN/m³)			19.5	21.4		20.9		19.6	
饱和容重/(kN/m³)		20.4	20.7	22.6		22.0		22.0	
浮容重/(kN/m³)		10.0	10.4	12.6		12.0		12.0	
渗透系数/(m/s)		6.2×10⁻⁵	5.4×10⁻⁸	6.2×10⁻⁵		4.0×10⁻⁶			

0.1.5　水利规划计算成果

（1）淤积高程 420.0m。

（2）死水位 427.0m。

（3）最高兴利水位 443.0m。

（4）设计洪水位（$P=2\%$）448.21m，相应泄流量 1320m³/s（溢洪道泄流量 1200m³/s，泄洪洞泄流量 120m³/s）。

（5）校核洪水位（$P=0.1\%$）450.22m，相应库容 5030 万 m³，最大泄流量 1980m³/s，（溢洪道泄流量 1853m³/s，泄洪洞泄流量 137m³/s）。

0.2　工作任务书

0.2.1　熟悉工程资料、工程任务

（1）全面熟悉设计任务书，掌握设计意图，明确设计任务。

（2）初步熟悉河流的一般自然地理条件，河流及枢纽水文气象特征，枢纽任务，坝址及库区的地形、地质条件、当地建筑材料，对外交通以及经济概况等资料。

（3）通过对这些资料的分析，应对本工程设计和基本特征初步形成全面的概念。

（4）初步理解自然条件、经济资料等对工程设计、施工影响较大的主要方面和关键性问题，为以后各阶段的设计工作打下基础。

0.2.2　主要建筑物型式选择和水利枢纽布置

（1）确定水利枢纽工程建筑物组成及工程等别、水工建筑物级别。

（2）通过方案比较，选定坝型。

（3）通过定性分析比较，选定拦河大坝、溢洪道的型式。

（4）确定水利枢纽的布置方案。

本阶段是河川水利枢纽设计中一项极为重要而复杂的工作，对选定的坝型和枢纽布置方案，进行技术可能性和经济合理性的论证，一经决定，即基本上确定了水利枢纽的技术经济特性。设计中，这一阶段工作，着重培养学生树立正确的设计思想和锻炼综合运用所学知识解决实际问题的能力，由于时间限制，可以只进行定性分析，不做具体定量计算分析。

建筑物型式选择与水利枢纽布置要涉及很多因素，必须十分重视原始资料，一切决定都须以地形、地质、水文等条件为依据。注意克服主观片面，努力做到从实际出发，有的放矢，方案比较时，基础要一致。

0.2.3　主要建筑物——大坝设计

（1）通过分析比较，确定大坝基本断面型式与轮廓尺寸。

（2）拟定地基处理方案与坝身构造。

（3）进行水力和结构安全计算。

（4）进行细部结构设计。

（5）绘制设计图、编写设计报告。

该部分是本实训的重点内容，旨在训练学生的挡水建筑物的设计计算能力、分析评价能力、绘图能力以及水利职业素养。

0.2.4 溢洪道设计

（1）确定结构型式与轮廓尺寸，进行总体布置。

（2）拟定细部构造。

（3）进行必要的水力计算、结构设计。

该部分是本实训的重点内容，旨在训练学生的泄水建筑物的设计计算能力、分析评价能力、绘图能力以及水利职业素养。

0.2.5 重点解决的问题

（1）工程等别、建筑物级别确定。

（2）依据设计及规范要求，主要建筑物型式选择和水利枢纽布置。

（3）通过分析比较，确定大坝基本断面型式、轮廓尺寸。

（4）拟定大坝地基处理方案与坝身构造。

（5）应用计算软件进行大坝稳定计算。

（6）进行大坝细部结构设计。

（7）确定溢洪道的结构型式与轮廓尺寸，进行总体布置。

（8）确定溢洪道的结构型式与轮廓尺寸。

（9）进行溢洪道总体布置。

（10）进行溢洪道的水力设计。

（11）进行溢洪道的结构计算。

（12）溢洪道的地基及边坡处理设计。

（13）土石坝渗流、稳定等计算软件的使用。

项目1 土石坝枢纽总体布置

小浪底水利枢纽图

案例

小浪底水利枢纽是黄河干流三门峡以下唯一能够取得较大库容的控制性工程，既可较好地控制黄河洪水，又可利用淤沙库容拦截泥沙，进行调水调沙运用，减缓下游河床的淤积抬高，是黄河干流上的一座集减淤、防洪、防凌、供水灌溉、发电等为一体的大（1）型综合性水利工程，是治理开发黄河的关键性工程。

该枢纽1994年9月主体工程开工，2001年12月31日全部竣工，总工期11年，坝址控制流域面积69.4万 km^2，占黄河流域面积的87.3%。水库总库容126.5亿 m^3，长期有效库容51亿 m^3。调水调沙库容10.5亿 m^3，死库容75.5亿 m^3。有6台水轮发电机组，水电站的总装机容量为180万 kW。

小浪底工程坝址区河谷呈 U 形，上宽下窄，河床高程129m，主流靠左岸。河道右岸河滩地宽350～400m，高程为135～150m。右坝肩山顶高程为420m，边坡坡度为30°～40°；左坝肩山顶高程为300m左右，岸坡陡峻，平均坡度为75°。

小浪底工程坝址河床覆盖层最深达70余 m。坝址区为二叠纪和三叠纪沉积的砂岩、粉砂岩和黏土岩交互地层。岩体断裂构造及节理裂隙发育，横穿坝下的 F_1 及左岸 F_{28}、F_{236}、F_{238} 等大断层均与枢纽建筑物有密切关系，断层和节理裂隙均为80°左右的高倾角，且大部分断层呈上下游方向展布。左岸山体由于沟道切割形成了单薄分水岭，水库蓄水后存在稳定问题。近坝区右岸包括右坝肩有多处大的滑坡和倾倒变形体。坝址区基本地震烈度为7度。

小浪底枢纽工程（图1.1）由三部分组成：

（1）拦河坝。采用带铺盖的壤土斜心墙堆石坝，拦河坝最大坝高160m，坝顶长1667m，坝体方量5185万 m^3。

（2）泄洪排沙建筑物。包括10座进水塔、3条孔板泄洪洞、3条排沙洞、3条明流洪洞、1条灌溉洞、1座正常溢洪道、1个综合消能水垫塘。

（3）引水发电建筑物。包括排沙洞共用的3座综合进水塔、6条直径为7.8m的高压引水隧洞、地下厂房、尾水洞、尾水渠和防淤闸等。

小浪底枢纽工程受地形地质条件限制和运行，16条引水和泄水隧洞、溢洪道、地下厂房洞群均集中布置在左岸山体内，且呈空间立体交叉，地下洞室之多、程度之复杂为国内外所罕见。

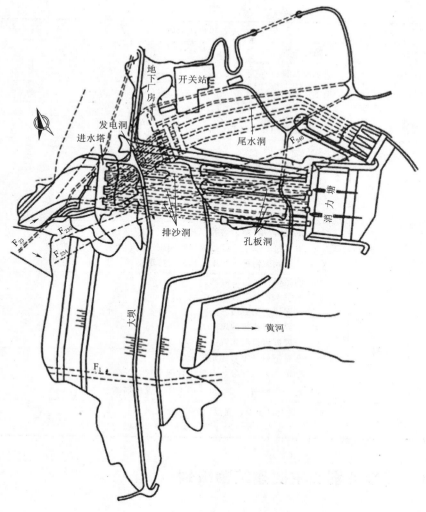

图 1.1　小浪底枢纽总平面图

　　小浪底工程投运以来，发挥了巨大的社会效益、经济效益和生态效益，为保障黄河中下游人民生命财产安全、促进经济社会发展、保护生态与环境、维持黄河健康生命做出了重大贡献。小浪底工程，是治黄事业新的里程碑，是绿色、环保、生态、民生工程，是我国改革开放的精品力作。

任务书

土石坝枢纽总体布置任务书

项　目　名　称	土石坝枢纽总体布置	参考课时/天
学习型工作任务	课程介绍	1.0
	工程等别与建筑物级别划分	1.0

续表

项 目 名 称		土石坝枢纽总体布置	参考课时/天
学习型工作任务		坝轴线布置	1.0
		泄水建筑物布置	1.0
		坝型选择	1.0
项目目标		让学生学会工程等别、建筑物级别划分；并会合理选择坝型、坝址，并进行土石坝、溢洪道等枢纽建筑物的合理布置	
教学内容		(1) 资料分析。 (2) 工程等别划分。 (3) 建筑物级别划分。 (4) 坝址与坝型的选择。 (5) 枢纽布置	
教学目标	素质	(1) 激发学习兴趣，培养创新意识。 (2) 树立追求卓越、精益求精的岗位责任，培养工匠精神。 (3) 传承大禹精神、红旗渠精神、抗洪精神、愚公移山精神，增强职业荣誉感	
	知识	(1) 熟悉资料分析的方法。 (2) 熟悉工程分等方法。 (3) 掌握建筑物分级方法。 (4) 掌握坝型选择的思路。 (5) 合理进行枢纽布置	
	技能	(1) 会对工程分等、建筑物分级。 (2) 会选择坝型坝址，对枢纽合理布置	
项目成果		(1) 设计说明书。(2) 枢纽的平面布置规划图	
技术规范		《碾压式土石坝设计规范》(SL 274—2020) 《水利水电工程等级划分及洪水标准》(SL 252—2017)	

任务1.1　工程等别及主要建筑物级别

导向问题

(1) 小浪底水利枢纽工程是大（1）型综合性水利工程？依据是什么？

(2) 小浪底水利枢纽工程中，主要水工建筑物有哪些？

(3) 小浪底水利枢纽工程中，拦河大坝、溢洪道分别是几级建筑物？

(4) 小浪底水利枢纽工程中，拦河大坝设计采用的洪水标准是多少？

相关知识

1.1.1　水利水电工程等别

为了贯彻执行国家的经济和技术政策，达到既安全又经济的目的，把水利水电枢纽工程按其规模、效益及其在经济社会中的重要性分等，分Ⅰ～Ⅴ等，Ⅰ等工程等别最高，Ⅴ等工程等别最低。根据《水利水电工程等级划分及洪水标准》(SL 252—2017) 规定，水利水电枢纽工程的等别划分为5等，依据表1.1确定。

表1.1　　　　　　　　　　　　　　　　水利水电枢纽工程等别

| 工程等别 | 工程规模 | 水库总库容/10^8m^3 | 防洪 | | | 治涝 | 灌溉 | 供水 | | 发电 |
			保护人口/10^4人	保护农田面积/10^4亩	保护区当量经济规模/10^4人	治涝面积/10^4亩	灌溉面积/10^4亩	供水对象重要性	年引水量/10^8m^3	发电装机容量/MW
Ⅰ	大（1）型	≥10	≥150	≥500	≥300	≥200	≥150	特别重要	≥10	≥1200
Ⅱ	大（2）型	<10,≥1.0	<150,≥50	<500,≥100	<300,≥100	<200,≥60	<150,≥50	重要	<10,≥3	<1200,≥300
Ⅲ	中型	<1.0,≥0.10	<50,≥20	<100,≥30	<100,≥40	<60,≥15	<50,≥5	比较重要	<3,≥1	<300,≥50
Ⅳ	小（1）型	<0.1,≥0.01	<20,≥5	<30,≥5	<40,≥10	<15,≥3	<5,≥0.5	一般	<1,≥0.3	<50,≥10
Ⅴ	小（2）型	<0.01,≥0.001	<5	<5	<10	<3	<0.5		<0.3	<10

注　1. 水库总库容指水库最高水位以下的静库容；治涝面积指设计治涝面积；灌溉面积指设计灌溉面积；年引水量指供水工程渠首设计年均引（取）水量。
　　2. 保护区当量经济规模指标仅限于城市保护区；防洪、供水中的多项指标满足1项即可。
　　3. 按供水对象的重要性确定工程等别时，该工程应为供水对象的主要水源。

（1）工程规模指标。工程规模是对水利水电工程用库容、水电站装机容量、灌溉面积等特性指标所反映工程的大小，水利水电工程规模共分五个，分别是大（1）型、大（2）型、中型、小（1）型、小（2）型，对应的工程等别分别是Ⅰ、Ⅱ、Ⅲ、Ⅳ、Ⅴ等工程。

（2）库容指标。水库的总库容不低于10亿m^3，为Ⅰ等工程；水库的总库容不低于1亿m^3，且小于10亿m^3，为Ⅱ等工程。依次类推，水库的总库容以10倍数量级递减，依次得到Ⅱ、Ⅲ、Ⅳ、Ⅴ等工程。

（3）防洪指标。防洪分等主要考虑受工程失事影响的下游城镇的当量经济规模、常住人口及农田面积三项指标。三项指标满足一项即可，当水库的保护人口不低于150万人、或保护农田面积不低于500万亩、或保护区当量经济规模不低于300万人，水库即为Ⅰ等工程。其中当量经济规模是指防洪保护区人均GDP指数与防护区人口数量的乘积，而防护保护区人均GDP指数为防洪保护区人均GDP与全国人均GDP的比值。

（4）治涝、灌溉指标。根据有关部门典型调查分析，治涝工程年平均效益一般比防洪工程高60%左右。治涝面积越大、效益差别越大。故对同一等别工程，治涝工程分等指标低于防洪工程分等指标。由于灌溉工程年均效益大，一旦遭到破坏损失较大，故其等别指标规定又较治涝工程有所降低（水库工程的防洪面积不低于500万亩、或治涝面积不低于200万亩、灌溉面积不低于150万亩，该水库为Ⅰ等工程）。

（5）供水指标。供水工程通常以城镇、工矿企业为主要供水对象，也常包括一部分农业灌区。供水工程根据供水对象的重要性和年引水量分五个等别。供水对象的重要性按照常住人口数量确定，常住人口不低于150万人，为特别重要城市；常住人口低于150万人且不低于 50 万人，为重要城市；常住人口低于 50 万人且不低于 20 万人，为比较重要城市；常住人口低于 20 万人，为一般重要城市。

（6）发电指标。发电指标是用水电站发电机组的总装机容量确定。当发电机组的总装机容量不低于 1200MW，该水利水电枢纽工程为 Ⅰ 等工程。

综合利用的水利水电枢纽工程，当按其各项用途分别确定的等别不同时，应按其中的最高等别确定整个工程的等别。

不同等别的枢纽工程，其所属建筑物的设计、施工标准亦不同，以达到既安全又经济的目的。由于水工建筑物工程量大，当设计和施工标准稍有差异，所需的劳力、投资和设备就会有很大的增减。设计标准稍高，势必造成大量浪费；标准低又可能对安全不利。

1.1.2 永久性水工建筑物的级别

水利水电工程永久性水工建筑物的级别，反映了对建筑物的不同技术要求和安全要求，应根据工程的等别或永久性水工建筑物的分级指标综合分析确定。水利水电工程中承担单功能的单项建筑物的级别，应按其功能、规模确定；承担多项功能的建筑物级别，应按规模指标较高的确定。

水库及水电站工程的永久性水工建筑物的级别，应根据其所在的工程等别和永久性水工建筑物在工程的作用和重要性，按表 1.2 确定。

水库大坝按表 1.2 确定为 2 级、3 级，如果坝高超过表 1.3 规定的指标，其级别可以提高一级，但洪水标准可以不提高。

表 1.2　　　　　　　　　水利水电工程永久性建筑物级别

工程等别	主要建筑物	次要建筑物	工程等别	主要建筑物	次要建筑物
Ⅰ	1	3	Ⅳ	4	5
Ⅱ	2	3	Ⅴ	5	5
Ⅲ	3	4			

表 1.3　　　　　　　　水利水电枢纽工程挡水建筑物提级指标

级别	坝　型	坝高/m	级别	坝　型	坝高/m
2	土石坝	90	3	土石坝	70
	混凝土坝、浆砌石坝	130		混凝土坝、浆砌石坝	100

当水库工程中最大坝高超过 200m 的大坝，其水头高，一旦失事其溃坝洪水的破坏威力大，并有可能引起下游梯级水库大坝的连溃，安全问题极为重要，故应比一般高度的大坝有更高的结构安全度，其级别应为 1 级。对于超过 200m 的大坝，且其技术复杂时，需要予以专门研究论证，经上级主管部门审查批准后确定。

1. 特殊情况下建筑物级别的确定

（1）当水利水电工程的 2～5 级主要永久性水工建筑物失事后，损失巨大或影响十分严重，经论证并报主管部门批准，建筑物级别可提高一级。

（2）水头低、失事后造成损失不大的水利水电工程的 1～4 级主要永久性水工建筑物，经论证并报主管部门批准，建筑物级别可降低一级。

（3）当永久性水工建筑物采用新型构或其基础的工程地质条件特别复杂时，对 2～5 级建筑物可提高一级设计，但洪水标准不予提高。

2. 不同级别的水工建筑物设计差异

不同级别的水工建筑物设计差异，主要表现在以下四个方面：

（1）抗御洪水能力。如洪水标准、坝顶安全超高等。

（2）强度和稳定性。如建筑物的强度、稳定安全系数、抗裂要求和限制变形要求等。

（3）建筑材料。如选用材料的品种、质量、强度等级、耐久性等。

（4）运行可靠性。如建筑物各部分尺寸富裕度、是否设置专门设备等。

1.1.3　水利水电工程永久性水工建筑物洪水标准

设计永久性建筑物所采用的洪水标准分为正常运用（设计情况）和非常运用（校核情况）两种情况。应根据工程规模、重要性和基本资料等情况，水库及水电站工程的永久水工建筑物洪水标准按山区、丘陵区、平原、滨海区分别确定，详见表 1.4、表 1.5。挡水建筑物采用土石坝和混凝土坝混合坝型时，其洪水标准应采用土石坝的洪水标准。

表 1.4　　　　　　　　山区、丘陵区水库工程水工建筑物洪水标准

		水工建筑物级别				
		1	2	3	4	5
洪水重现期、年	设计洪水标准	1000～500	500～100	100～50	50～30	30～20
	校核洪水标准　土石坝	可能最大洪水（PME）或 1000～5000	5000～2000	2000～1000	1000～300	300～200
	混凝土坝、浆砌石坝	5000～2000	2000～1000	1000～500	500～200	200～100

表 1.5　　　　　　　平原、滨海区水库工程永久性建筑物洪水标准

项　目	永久性水工建筑物级别				
	1	2	3	4	5
	洪水重现期/年				
设计洪水标准（重现期/年）	300～100	100～50	50～20	20～10	10
校核洪水标准（重现期/年）	2000～1000	1000～300	300～100	100～50	50～20

土石坝一旦失事后对下游造成特别重大灾害时，1 级建筑物的校核洪水标准应取可能最大洪水（PME）或 10000 年一遇洪水。2～4 级建筑物的校核洪水标准，可提高一级。对混凝土坝、浆砌石坝，如果洪水漫顶将造成严重的损失时，1 级建筑物的校核洪水标准经过专门论证并报主管部门批准，可取可能最大洪水（PME）或 10000 年一遇洪水。

山区、丘陵区水库工程的永久性泄水建筑物消能防冲设计的洪水标准，可低于泄水建筑物的洪水标准，根据永久性泄水建筑物的级别，按表 1.6 确定，并应考虑在低于消能防

冲设计洪水标准时可能出现的不利情况。对超过消能防冲设计标准的洪水，允许消能防冲建筑物出现局部破坏，但必须不危及挡水建筑物及其他主要建筑物的安全，且易于修复，不致长期影响工程运行。

当山区、丘陵区水库工程永久性挡建筑物的挡水高度低于15m，且上下游最大水头差小10m时，其洪水标准应按平原、滨海区标准确定；当平原、滨海区水库工程永久性挡水建筑物的挡水高度高于15m，且上下游大水头差大于10m时，其洪水标准应按山区、丘陵区标准确定，其消能防冲洪水标准不低于平原、滨海区标准。

表 1.6　　　　　　　山区、丘陵区水库工程的消能防冲建筑物设计洪水标准

永久性泄水建筑物级别	1	2	3	4	5
设计洪水标准（重现期/年）	100	50	30	20	10

平原、滨海区水库工程的永久性泄水建筑物消能防冲设计的洪水标准，与相应级别的泄水建筑物的洪水标准一致。

 学习小结

请用思维导图对知识点进行归纳总结

学习测试

根据所学知识，回答小浪底水利枢纽工程案例的以下问题：

（1）小浪底水利枢纽工程是（　　　　）等工程。

A. Ⅰ　　　　　　　　B. Ⅱ　　　　　　　　C. Ⅲ　　　　　　　　D. Ⅳ

（2）小浪底水利枢纽工程中拦河大坝、溢洪道、泄洪洞、排水洞分别是（　　）级建筑物。

A. 1　　　　　　　B. 2　　　　　　　C. 3　　　　　　　D. 5

（3）小浪底水利枢纽工程中，拦河大坝设计洪水标准是多少？

技能训练

资料：段村水库位于颍河上游登封境内，坝址位于段村西头颍河干流上，控制流域面积 94.1km²。流域内南部多石山，小部分为丘陵，已耕种，北部为丘陵，大部分为梯田，山区平均地面坡度为 1/10～1/15 左右，丘陵地区平均地面坡度 1/50 左右，水土流失不严重，河流平均纵坡为 1/130。

该水库主要任务以灌溉为主，结合灌溉进行发电。灌溉下游左岸 43500 亩，灌溉最大引水量 4m³/s。引水高程 347.49m，发电装机容量 75kW。

流域规划成果：水库死水位 348m，最高兴利水位 360.52m，相应库容 1413.07m³；设计洪水位 363.62m（频率 2%），相应库容 1998.36 万 m³；相应最大泄流量 540＋90m³/s；校核洪水位 364.81m（频率 0.2%），相应库容 2299.68 万 m³，相应最大泄流量 800＋110m³/s。

水能指标：装机容量 75kW。

任务：确定该水利水电枢纽工程等别及水工建筑物的级别。

解析：根据《水利水电枢纽工程等级划分及洪水标准》（SL 252—2017），结合本工程实际情况，分析如下：

水库总库容 2299.68 万 m³（校核洪水位时相应的库容），在 1 万～10 万 m³ 之间，属Ⅲ等工程；根据枢纽灌溉面积 43500 亩，在 0.5～5 万亩之间，属Ⅳ等工程；根据电站装机 75kW，小于 0.05 万 kW，属Ⅴ等工程。

根据规范规定，对于具有综合利用效益的水利水电工程，各效益指标分属不同等别时，整个工程的等别应按其最高的等别确定，故段村水库枢纽为Ⅲ等工程。

根据水工建筑物级别的划分标准，Ⅲ等工程中的主要建筑物为 3 级水工建筑物，所以本枢纽中的大坝、溢洪道、泄洪洞及电站厂房都为 3 级水工建筑物。

任务1.2　坝型与坝址的选择

导向问题

（1）小浪底水利枢纽工程中，拦河大坝坝型、坝址如何选择？

（2）小浪底水利枢纽工程中，溢洪道、泄洪洞如何布置？

（3）小浪底水利枢纽工程拦河大坝是哪种型式的土石坝？除了这种坝型外，还有哪些类型的土石坝？

相关知识

坝址坝型选择、水利枢纽布置是水利枢纽设计的重要内容，二者相互联系，不同的坝址可选用不同的坝型和枢纽布置。例如，当河谷狭窄，地形条件良好时，适宜修建拱坝；河谷宽阔，地质条件较好，可以选用重力坝；河谷宽阔，河床覆盖层深厚，地质条件较差又有适宜的土石料时，可以选用土石坝。

在选择坝址、坝型和枢纽布置时，不仅要研究枢纽附近的地形、地质条件，还需考虑枢纽的施工条件、运行条件、工程量、工程造价以及远景规划等。

在选择坝址、坝型和枢纽布置时，应选择2～3个不同条件的坝址，不同的坝址选择不同的建筑物形式以及相应的枢纽布置方案，进行方案比较，最终确定一个合理的坝址方案。

1.2.1 坝型选择

1. 土石坝、重力坝、拱坝选择

对于同一个坝址应分别考虑土石坝、重力坝、拱坝等几种不同坝型的枢纽布置方案，并进行坝址比较与选择。

坝型选择实例：某水利枢纽坝型选择时，考虑以下几个方面：

（1）拱坝方案。建拱制度理想的地形条件是左右岸对称，岸坡平顺无突变，在平面上向下游收缩的峡谷段，而该坝址处无雄厚的山脊作为坝肩，狭谷不对称，且下游河床开阔，无建拱坝的可能。

（2）重力坝方案。从坝轴线地图上看，坝址岩层虽为石英砂岩，砂页岩互层，但有第四纪黏土覆盖层8～12m，砂卵石层35～45m，若建重力坝清基开挖量大，且不能利用当地筑坝材料，故建重力坝方案不经济。

（3）土石坝方案。土石坝对地形、地质条件要求低，几乎在所有条件下都可以修建，且施工技术简单，可实行机械化施工，也能充分利用当地建筑材料，覆盖层也不必挖去，造价相对较低，所以采用土石坝方案。

黄河小浪底工程坝址选择时，自上而下选择研究过竹峪、青石嘴、一坝址、二坝址、三坝址等5个坝址。其中，三坝址的河谷最窄，适合建低坝；二坝址适合建重力坝高坝；一坝址可以利用左岸基岩平台，布置混凝土重力坝段，与河床段土石坝连接，构成混合坝型；随着地质勘探工作的继续深入，发现坝基普遍存在多层泥化夹层，摩擦系数很低，不宜修建混凝土重力坝。经过比选，最终选择在三坝址上修建黏土斜心墙堆石坝。

2. 土石坝坝型及选择

（1）碾压式土石坝常见的坝型有：均质坝、黏土心墙分区坝、黏土斜墙分区坝、黏土斜墙分区坝、人工材料防渗体坝。

1）均质坝。材料单一，施工简单，不会相互干扰，便于群众性施工。这种坝所用的土料渗透系数较小，整个坝体起防渗作用。这种坝型相对于堆石等材料，土料的抗剪强度低，因此坝坡较缓，体积庞大，使用土料多；铺土厚度薄填筑速度慢，填筑施工容易受降雨和冰冻影响，不利于加快进度、缩短工期。因此均质坝大多为低坝、中坝，且坝址处除土料外，缺乏其他材料的情况下采用。

2）黏土心墙分区坝。土质心墙坝便于与坝基内的垂直和水平防渗体相连接。这种坝型不仅适应于建低坝，也适应于建高坝。心墙位于坝体的中央，适应变形的条件较好，特别是当坝肩很陡时，较斜墙坝优越。但是，心墙在施工时应于两侧坝壳同时上升，施工干扰大，受气候条件的影响也大。另外，心墙土料的压缩性比坝壳高，当下部心墙继续向下压缩变形时，上部心墙却被上、下游两侧砂砾石或堆石体所夹持，向下部沉降量远远小于下部心墙，因而容易产生水平裂缝或较大的竖向拉应力，严重地影响大坝的安全。

3）黏土斜墙分区坝。土质斜墙坝便于与坝基内的垂直和水平防渗体相连接。这种坝型不仅适应于建低坝，也适应于建高坝。斜墙坝的砂砾石或堆石坝壳可以超前于防渗体填筑，而且不受气候条件限制，施工干扰小。但是斜墙坝的防渗体位于上游面，故上游坝坡较缓，坝的工程量也相对较大。上游坡较缓，坝脚伸出较远，对溢洪道和输水洞进口布置有一定影响。斜墙对坝体的沉降变形比较敏感，与陡峻河岸连接较困难，故高坝中斜墙坝所占比例较小。

4）黏土斜心墙分区坝。为了解决心墙坝与斜墙坝的上述问题，近年来很多高坝采用斜心墙坝，既避免坝体沉降过大引起斜墙开裂问题，又有利于克服拱效应和改善坝顶附近心墙的受力条件。

5）人工材料防渗体坝。大多数为堆石坝，坝坡较其他土石坝陡，工程量小，施工干扰相对较小，适用于修建高坝。

人工材料防渗体坝指混凝土面板堆石坝、沥青混凝土面板和心墙坝、土工膜防渗体坝。20 世纪 80 年代初，我国开始引进混凝土面板堆石坝，目前已经修建了许多座混凝土面板堆石坝，具有相对成熟的设计施工经验。混凝土面板堆石坝大多修建在岩基上，近年来也开始在覆盖层地基修建混凝土面板堆石坝。沥青混凝土面板和心墙坝已应用多年，但与其他坝型相比，总数量相对偏少。对 3 级及其以下的低坝，可采用土工膜防渗体坝。复合土工膜作防渗体已经多年，但多用于病险坝除险加固，单独采用复合土工膜的新建坝相对较少。平原水库，大坝与库底同时需要防渗时，为便于相结合组成完整的防渗体系，采用复合土工膜。

（2）坝型选择影响因素。坝型选择应综合考虑坝高、建筑材料、施工条件、枢纽布置、总工程量、总造价、总工期等因素，经技术经济比较后确定。

1）坝高。高坝宜采用土质防渗体分区坝，低坝可采用均质坝。岩基上高度 200m 以下的坝宜优先考虑堆石坝。

2）筑坝材料。料场开采的或枢纽建筑物开挖材料的种类、性质、数量和运输条件。

3）坝址区地形地质条件。

4）施工导流、施工进度与分期、填筑强度、气象条件、施工场地、运输条件和初期度汛等施工条件。

5）枢纽布置、坝基处理型式、坝体与泄水引水建筑物等的连接。

6）枢纽的开发目标和运行条件。

7）土石坝以及枢纽的总工程量、总工期和总造价。

一般而言，可能是第 1）～3）种因素对坝型选择影响较大，土石坝在很大程度上是"就地取材"，所以筑坝材料对坝型选择往往起决定性的作用，如国内均质坝多为中坝、低坝。随着水资源的开发利用，越来越多地遇到两坝肩不适于布置泄水建筑物的地形地质条件的坝址，因此，组合坝型采用比以前多了。

1.2.2 坝址选择

坝址选择应从以下几个方面考虑：

（1）地质条件。地质条件是坝址、坝型选择的重在条件。拱坝和重力坝（低的溢流重力坝除外），需要建在岩基上；土石坝对地质条件要求较低，岩基、土基均可。但天然地基总是存在这样或那样的缺陷，如断层破碎带、软弱夹层、淤泥、细沙层等。在工程设计中应通过勘测研究，了解地质情况，采取不同的地基处理方法，使其满足筑坝的要求。

（2）地形条件。不同的坝型对地形的要求不一样。在高山峡谷地区布置水利枢纽，尽量减少高边坡开挖。坝址选在峡谷地段，坝轴线短，坝体工程量小，但对布置泄水、发电等建筑物以及施工导流均有困难。选用土石坝坝型时，应注意库区内有无天然的垭口或天然冲沟可布置岸边溢洪道，上下游是否便于布置施工场地。因此，经济与否由枢纽的总造价、总工期来衡量。对于多泥沙的河道，还应注意河流的流态，在坝址选择时，要注意坝址的位置是否对取水防沙有利。对有通航要求的枢纽还应注意上下游河道与船闸、鱼道等过坝建筑物的联接。此外还希望坝轴线上游山谷开阔，在淹没损失尽可能小的情况下，能获得较大的库容。

（3）建筑材料。坝址附近应有足够数量符合要求的建筑材料。采用混凝土坝时，要求有可作骨料用的砂卵石或碎石料场。采用土石坝时，应在距坝址不远处有足够数量的土石料场。对于料场分布、储量、埋深、开采运输及施工期淹没等问题均应认真考虑。

（4）施工条件。要便于施工导流，坝址附近应有开阔地形，便于布置施工场地；距交通干线较近，便于交通运输。在同一坝区范围内，施工条件往往是决定坝址的重要因素，但施工的困难是暂时的，工程运行管理方便则是长久的。应从长远利益出发，正确对待施工条件的问题。

（5）综合效益。对不同的坝址要综合考虑防洪、生态、灌溉、发电、航运、旅游等各部门的经济效益对环境的影响等。

以上几个条件很难同时满足，应抓住主要矛盾，权衡轻重，做好调查研究，进行方案比较，最后选出合适的坝轴线。

1.2.3 黄河小浪底枢纽工程坝型、坝址选择

1. 坝址选择

黄河小浪底工程坝址选择时，自上而下选择研究过竹峪、青石嘴、一坝址、二坝址、三坝址等5个坝址。竹峪坝址位于坝段最上游S形河湾的南北向段；青石嘴坝址位于大峪河口上游，距竹峪坝址8km；一坝址位于大峪河口下游，距青石嘴坝址1.4km；二坝址在一坝址下游1.0km处；三坝址在二坝址下游2.6km处。

在小浪底坝段5个坝址的比选中，竹峪坝址因库容小，不能满足开发目标的要求，最早予以放弃，其余4个坝址在不同时期曾受到重视，并进行了相应的勘测工作。经过多年的地质勘探工作，各坝址均为U形河谷，共同存在的工程地质问题有：

（1）砂页岩层倾角平缓，物理力学指标较低。

（2）坝址覆盖层一般厚度20~40m，部分河床覆盖层深80m。

（3）一坝址、二坝址、三坝址处均有滑坡体。

各个坝址的地质条件都比较复杂，因此，枢纽布置、工程量、施工条件、工程造价都是坝址选择的重要因素。

根据各个设计阶段对小浪底坝址、坝型有不同认识。青石嘴、一坝址、二坝址、三坝址等 4 个坝址处均为 U 形河谷，可以修建重力坝、土石坝两种坝型。但坝址处砂页岩层强度低，不满足重力坝的要求，因此不适宜修建重力坝。

2．各坝址特点

青石嘴、一坝址、二坝址、三坝址等 4 个坝址对比发现，各个坝址特点见表 1.7。

表 1.7　　　　　　　　　　各坝址优缺点比较

坝　址	优　　　点	缺　　　点
青石嘴	（1）位于一、二两坝址大滑坡上游，没有滑坡涌浪威胁； （2）左岸地形较好，水工隧洞亦不长； （3）覆盖层较薄	（1）左右岸断层影响带很宽，岩性破碎软弱，左岸洞子出口基岩很低，难以布置； （2）电站尾水渠入大峪河，需挖深 20 多 m； （3）河床内断层交会密集，河床宽，大坝工程量增加 1000 万 m^3 以上； （4）由于坝址在大峪河以上，库容减少 14.7 亿 m^3，要弥补这一缺点，需增加坝高，进一步增大工程量
一坝址	坝址覆盖层相对较薄	（1）右岸有大滑坡 1100 万 m^3，需挖除； （2）左岸岩石平台上有中等湿陷性黄土台地，覆盖甚厚，如筑土石坝，挖填工程量最大
二坝址	（1）覆盖层较三坝址薄，如全部挖除，心墙可以坐在基岩上； （2）左岸山体较三坝址宽厚	（1）右岸有 410 万 m^3 大滑坡，距一坝址不到 1km，受上游滑坡威胁很大，处理大滑坡，工程量大； （2）左岸 F_4、F_5 断层很破碎，影响建筑物布置； （3）砂层接近地表，有液化可能； （4）造价高于三坝
三坝址	（1）左岸布置泄水建筑物比各坝址均有利，工程造价相对较低； （2）对外交通相对较方便； （3）河床覆盖层虽较厚，但底砂层埋藏较深，不会发生液化	（1）覆盖层最厚达 80m，但防渗墙试验是成功的； （2）有 F_{236}、F_{238} 断层与泄水建筑物相交，但不很严重； （3）左岸山体相对较单薄； （4）右岸坝基下有 F_1 顺河大断层

经比选，三坝址左岸具有布置泄水建筑物的地形地质条件，虽然河床覆盖层最深 80m，但其防渗处理按国内技术条件可以解决，最终确定拦河大坝坝址为三坝址。

3．坝型选择

土石坝坝型的比选与坝基砂砾石处理方案密切相关，不同设计阶段研究过的各种坝型中，重点任务是对最深达 70m 的砂砾石覆盖层的防渗处理方案。经过比选，砂砾石覆盖层的防渗处理选择"施工期以拦洪围堰下混凝土防渗墙防渗，运行期主要靠天然铺盖防渗的双重防渗体系"，其技术可行、质量可靠。

黄河小浪底拦河大坝在初步设计阶段，选择了具有代表性的斜墙坝型、斜心墙坝型、心墙坝型等多种坝型，最终推荐采用斜墙堆石坝坝型。斜墙堆石坝可以充分利用左岸山梁；上游坡对泄水建筑物进口的布置影响不大；右岸坝线折向下游，使斜墙坐落在东坡上游的沟底，对防渗和稳定都有利。这种坝型的缺点是：上游施工围堰以填土为主，要求在截流后四个月内填筑黏性土270万 m³，再加上混凝土防渗墙施工，工期紧、风险大；混凝土防渗墙设在上游围堰下，拉长了坝基防渗线，使帷幕灌浆和基础处理工作量增大。

针对上述方案仍存在黏土填筑量大、工期紧，以及内铺盖形成人为的软弱层等问题，进一步优化后，招标设计确定坝型的典型断面为斜心墙坝，并在斜心墙底部设一道混凝土防渗墙。其主要特点是：采用以垂直防渗为主、水平防渗为辅的双重防渗体系，斜心墙下设主混凝土防渗墙，墙厚1.2m。该方案主要有以下优点：①坝基防渗由以水平防渗为主、垂直防渗为辅改为以垂直防渗为主、水平防渗为辅的方案后，提高了大坝防渗的可靠性；②斜墙改为斜心墙后增大了上游堆石坝壳，提高了坝体抗滑稳定性和抗震性能；③水平内铺盖改为上爬内铺盖，消除了坝体下部人为形成的软弱层，提高了上游坝坡稳定性，改陡了上游坝坡，将上游围堰顶由宽70m缩窄为20m，坝体填筑方量减少约5.3%；④主坝混凝土防渗墙移至斜心墙下，使大坝防渗缩短，帷幕灌浆进尺减少约39%；⑤上游围堰改为斜墙，水平内铺盖改为上爬薄内铺盖后，减少了土方填筑量和施工难度，使截流后施工工期紧张问题得到解决。

学习小结

请用思维导图对知识点进行归纳总结

学习测试

根据所学知识，回答小浪底水利枢纽工程案例的以下问题：

（1）小浪底水利枢纽工程中，拦河大坝为（　　　）。

A．重力坝　　　　　B．土石坝　　　　　C．曲线坝　　　　　D．丁坝

（2）小浪底水利枢纽工程拦河大坝是哪种型式的土石坝？（　　）除了这种坝型外，还有哪些类型的土石坝？（　　）

A．均质坝　　　　　B．心墙坝　　　　　C．斜墙坝　　　　　D．斜心墙坝

技能训练

资料：段村水库位于颖河上游登封境内，坝址位于段村西头颖河干流上，控制流域面积 94.1km²。该水库主要任务以灌溉为主，结合灌溉进行发电。

任务：该水库枢纽工程坝型、坝址如何选择？

解析：（1）坝轴线的选择。段村水库的坝轴线在段村西 300m 附近，轴线两岸山头较高且河岸狭窄，坝体工程量较小，坝轴线上游高程在 340～350m 之间，有大面积的滩地，筑坝材料丰富。轴线上游地形较开阔，建库后可获得较大库容。而轴线的下游相比较平坦，高程基本上在 335～350m 之间，是良好的施工场地。从枢纽的布置考虑，轴线上游左岸有天然哑口，可以布置溢洪道，右岸山体陡峻，可以布置泄洪隧洞。坝址距公路只有 3km，交通方便。通过以上分析，认为段村坝址是比较合理的。

（2）坝型确定。在基岩上筑坝可以选择拱坝、重力坝、土石坝三种坝型。

1）拱坝方案。修建拱坝最理想的地形条件是左右岸对称的 V 形河谷，岸坡平顺无突变，在平面上向下游收缩的峡谷段，而段村坝址处地形开阔，狭谷不对称，且下游河床开阔，无建拱坝的可能。

2）重力坝方案。分析坝轴线地质剖面图，发现坝址岩层虽为石英砂岩，砂页岩互层，但有第四纪黏土覆盖层 8～12m、砂卵石覆盖层 35～45m，若建重力坝清基开挖量大，需要全部挖除覆盖层约 50m，最大开挖深度近 60m，开挖工程量大，增大了坝高，故建重力坝不经济。

3）土石坝方案。土石坝对地形、地质条件要求低，几乎在所有条件下都可以修建，且施工技术简单，可实行机械化施工，也能充分利用当地建筑材料，覆盖层也不必挖去，因此，造价相对较低，所以采用土石坝。

（3）土石坝坝型选择。因坝趾附近颖河左岸有丰富的土料，且大部分为中粉质壤土，坝趾下游有少量重粉质壤土，可作为防渗材料，坝趾上、下游及两岸滩地又有大量砂、砾石及卵石，可作为地壳材料，溢洪道开挖弃料可用作坝壳材料，从建筑材料上说，均质坝、心墙坝、斜墙坝均可。

1）心墙坝、斜墙坝。用作心墙、斜墙的重粉质壤土在坝下游，距离比较远，且黏土施工困难，造价高。

2）均质坝。材料单一，施工简单，不会相互干扰，便于施工。在坝趾附近有中粉质壤土，天然含水量接近塑限含水量 17%，渗透系数 $K = 1.2 \times 10^{-5}$ cm/s，满足均质坝对材料的要求，而且该坝的坝高 50m 左右，坝高不大，适宜采用均质坝。

通过分析，该坝选用均质坝。

任务1.3　土石坝枢纽布置

? 导向问题

（1）小浪底水利枢纽工程中，主要水工建筑物有哪些？

（2）小浪底水利枢纽工程中，溢洪道、泄洪洞如何布置？

 相关知识

1.3.1　水利枢纽设计阶段

水利枢纽设计分为初步设计、施工详图设计两个阶段。

初步设计阶段的主要设计内容包括：对水文、气象、工程地质以及天然建筑材料等基本资料作进一步分析与评价；论证本工程及主要建筑物的等级；进行水文水利计算，确定水库的各种特征水位及流量，选择电站的装机容量和主要机电设备；论证并选定坝址、坝轴线、坝型、枢纽总体布置及其他主要建筑物的结构型式和轮廓尺寸；选择施工导流方案，进行施工方法、施工进度和总体布置的设计，提出主要建筑材料、施工机械设备、劳动力、供水、供电的数量和供应计划；进行环境影响评价，提出水库移民安置规划，提出工程总概算；进行经济技术分析，阐明工程效益。

施工详图设计的主要任务是：进行建筑物的结构和细部构造设计；进一步研究和确定地基处理方案；确定施工总体布置和施工方法，编制施工进度计划和施工预算等；提出整个工程分项分部的施工、制造、安装详图；提出工艺技术要求等。施工详图是工程施工的依据。

1.3.2　土石坝枢纽的组成

水利水电枢纽建筑物以土石坝为主体，并包括泄洪建筑物、灌溉引水建筑物、发电引水建筑物、水电厂房、开关站、排沙建筑物、工业用水引水建筑物、生态用水建筑物、施工导流建筑物、通航建筑物、过鱼建筑物等。这些建筑物有的可以结合使用，如发电引水和灌溉引水建筑物可合并或部分合并，排砂和放空水库泄水建筑物可以结合，有的则可以分开，如泄洪建筑物可分开成溢洪道和泄洪洞。这些都要按具体情况加以研究。

通常土石坝枢纽由"三大建筑物"组成，即土石坝、溢洪道和水工隧洞。土石坝用以拦蓄洪水，形成水库；溢洪道则用以宣泄洪水，确保大坝安全；水工隧洞则用以灌溉、发电、导流、泄洪、排沙等。

1.3.3　枢纽的布置

1. 土石坝枢纽布置的一般原则

枢纽布置就是合理安排枢纽中各建筑物的相互位置。在布置时应从设计、施工、运用管理、技术经济等方面进行综合比较，选定最优方案。

枢纽布置应服从于以下原则：

（1）枢纽布置应保证各建筑物在任何条件下都能正常工作。

（2）在满足建筑物的强度和稳定的条件下，使枢纽总造价和年运行费较低。尽量采用当地材料，节约钢材、木材、水泥等基建用料，采用新技术、新设备、新材料是降低工程造价的主要措施。

（3）枢纽布置应考虑施工导流、施工方法和施工进度等，应使施工方便、工期短、造价低。

（4）枢纽中各建筑物布置紧凑，尽量将同一工种的建筑物布置在一起；尽量使一个建筑物发挥多种用途，充分发挥枢纽的综合效益。

（5）尽可能使枢纽中的部分建筑物早日投产，提前受益（如提前蓄水，早发电或灌溉）。

（6）考虑枢纽的远景规划，应对远期扩大装机容量、大坝加高、扩建等留有余地。

（7）枢纽的外观与周围环境要协调，在可能的条件下尽量注意美观。

2. 土石坝枢纽布置方案

遵循枢纽布置一般原则，从若干具有代表性的枢纽布置方案中选择一个技术上可行、经济上合理、运用安全、施工期短、管理维修方便的最优方案，是一个反复优化的过程，需要对各个方案进行具体分析、全面论证、综合比较而定。

进行方案选择时，通常对以下项目进行比较：

（1）主要工程量，如钢筋混凝土和混凝土、土石方、金属结构、机电安装、帷幕灌浆、砌石等各项工程量。

（2）主要建筑材料用量，如钢材、水泥、木材、砂石、沥青、炸药等材料的用量。

（3）施工条件，主要包括施工期、发电日期、机械化程度、劳动力状况、物资供应、料场位置、交通运输等条件。

（4）运用管理条件，发电、通航、泄洪、灌溉等是否相互干扰；建筑物和设备的检查、维修和操作运用、对外交通是否方便；人防条件是否具备等。

（5）建筑物位置与自然环境的适应情况，如地基是否可靠；河床抗冲能力与下游的消能方式是否适应；地形是否便于泄水建筑物的进、出口的布置和取水建筑物进口的布置等。

（6）经济指标，主要比较分析总投资、总造价、年运行费、淹没损失、电站单位千瓦投资、电能成本、灌溉单位面积投资以及航运能力等综合利用效益。

（7）其他，根据枢纽特定条件有待专门进行比较的项目。

上述比较的项目中，有些项目是可以定量计算的，但有些是难以定量计算的，这样就增加了方案选择的复杂性。因此，应充分掌握资料、实事求是，进行方案选择。

1.3.4　泄水和引水建筑物

枢纽中的泄水建筑物是枢纽的重要组成部分，其造价常占工程总造价的很大一部分。所以合理选择其布置、形式，确定其尺寸十分重要。泄水建筑物布置和形式，应根据地形、地质条件和泄水规模、水头大小和防沙要求等综合比较以后选定，可采用开敞溢洪道和隧洞。

在地形有利的坝址，宜布置开敞溢洪道。溢洪道布置还应从地质、枢纽布置、施工条件等方面综合考虑。从开挖量大小考虑，当坝址附近有接近正常蓄水位的马鞍形山口或岸坡平缓，又能很快使下泄洪水回归原河道时，应采用正槽溢洪道。若河岸很陡，宜采用泄洪洞或井式溢洪道。若溢洪道与大坝紧邻，应修建导水墙将二者隔开，临近的坝体要加强防冲保护和做好防渗连接。溢洪道控制段应靠近水库，以减少水头损失。溢洪道布置还应仔细考虑出渣、堆渣及石渣的利用，做到与其他建筑物相互协调，避免干扰。

多泥沙河流应设排沙建筑物，并在进水口设防淤和防护措施。泄水和引水建筑物进、出口附近的坝坡和岸坡，应有可靠的防护措施。泄水建筑物出口应采用合理的消能措施，并使消能以后的水流与坝脚保持一定距离。

泄水建筑物应布置在岸边岩基上。对高、中坝不应采用坝下涵管，低坝采用软基上埋管时，必须进行技术论证。

1.3.5　土石坝枢纽布置实例

土石坝枢纽布置是在满足地质条件的前提下，充分利用有利的地形条件，用河道的弯曲段，把土石坝布置在弯道上，在河道的凸岸布置引水洞、泄洪洞、溢洪道等建筑物，不但缩短泄水建筑物长度降低工程量，便于施工，而且水流条件良好。

[**实例1.1**]　图1.2所示的土石坝枢纽布置，其特点是：坝址附近及其上游均无合适

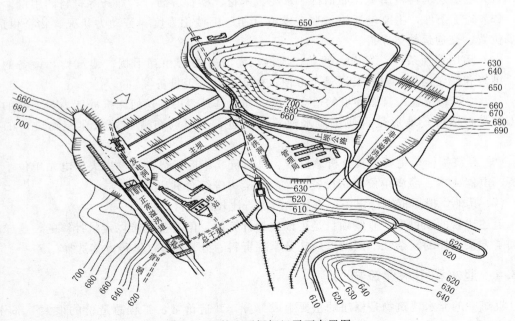

图1.2　某土石坝枢纽平面布置图

布置溢洪道的地方，坝址地形狭窄，左岸山势陡峻，但右岸在坝顶高程附近的山坡较平缓；灌区在右岸，要求的坝后渠首高程与原河床有较大的高差。针对这种情况，采用了图 1.2 的布置方案，这在技术上是可行的，经济上也是合理的。这一方案利用了右岸山坡比较平缓这个条件布置了坝肩溢洪道。溢洪道在平面上顺直，出口离坝脚有较大的距离，且方向与原河道大致平行；在溢洪道与右坝头之间留出了一段距离，其下布置灌溉、发电相结合的取水隧洞，隧洞后部用压力管道接水电站，尾水渠后接灌溉干渠；在溢洪道出口段下面的山岩内布置输水隧洞，以解决泄洪与灌溉引水交叉问题。从右岸的工程布置来看，尽可能地利用了地形条件，保证了土石坝、溢洪道、灌溉及发电等建筑物安全而正常地运行。由于右岸灌溉、发电取水隧洞的进、出口高程较高，不能兼作施工导流之用，故在左岸布置了施工导流隧洞，并使其与泄洪相结合，且进、出口的位置和方向也是较合适的，施工导流与泄洪时的运用条件均较好；同时，也为土石坝及右岸工程的施工安排（工期和施工程序）提供了很好的条件，既能解决施工干扰，又能缩短枢纽的施工工期。

　　[**实例 1.2**]　某水库位于低山丘陵区。坝址左岸有一垭口，其下有冲沟，利用天然的地形优势布置溢洪道，泄洪洞布置在右岸山体中，枢纽布置如图 1.3 所示。

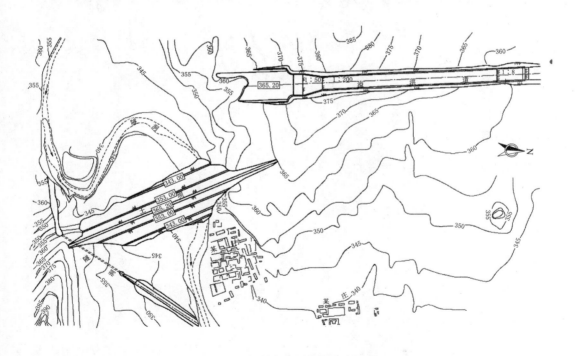

图 1.3　某水库土石坝枢纽布置图

　　[**实例 1.3**]　豫 01 土石坝位于峡谷区，坝高 77m，由于河流流量小，泄水与引水建筑物规模小，故均布置在顺直河段岸坡，在右岸山体开挖溢洪道及发电引水洞，发电引水洞引水至厂房，尾水通过溢洪道消力池底部的隧洞至灌渠。其布置如图 1.4 所示。

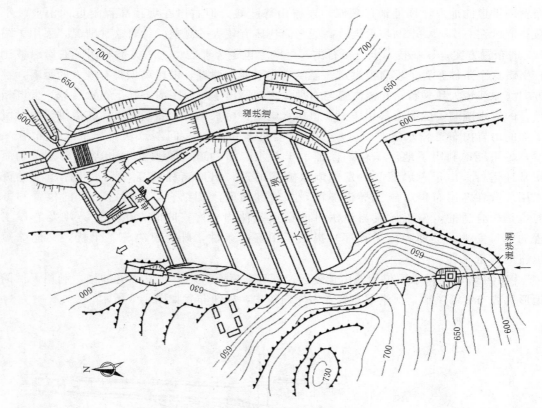

图 1.4　豫 01 水库枢纽布置图

学习小结

请用思维导图对知识点进行归纳总结。

学习测试

（1）小浪底水利枢纽工程中，主要水工建筑物有（   ）。

A. 泄洪洞　　　　　　　　B. 排沙洞　　　　　　　　C. 引水发电洞

D. 施工导流洞　　　　　　E. 灌溉洞

（2）小浪底水利枢纽工程中，溢洪道、泄洪洞布置在（   ）。

A. 左岸　　　　　　　　　　　　　B. 右岸

C. 溢洪道在左岸、泄洪洞在右岸　　　　D. 溢洪道在右岸、泄洪洞在左岸

（3）小浪底水利枢纽工程中，引水发电洞、排沙洞布置在（   ）。

A. 左岸　　　　　　　　　　　　　B. 右岸

C. 引水发电洞在左岸、排沙洞在右岸　　　D. 引水发电洞在右岸、排沙洞在左岸

技能训练

资料：段村水库位于颍河上游登封境内，坝址位于段村西头颍河干流上，控制流域面积 94.1km²。该水库主要任务以灌溉为主，结合灌溉进行发电。

任务：该水库枢纽工程如何布置？

解析：段村水库主要任务以灌溉为主，结合灌溉进行发电，该工程主要水工建筑物由拦河大坝－土石坝，泄水建筑物－溢洪道和泄洪洞、引水灌溉洞、引水发电洞等。

（1）坝轴线的选择。坝轴线在 SE158°段村以西 300m 附近，轴线两岸山头较高且河岸狭窄，坝体工程量较小，轴线上游有大量面积的滩地，高程在 340～350m 之间。筑坝材料丰富，坝轴线上游地形较开阔，建坝后可获得较大库容。而轴线的下游相比较平坦，高程基本上在 335～350m 之间，可以布置施工场地。

（2）溢洪道轴线选择。从溢洪道轴线布置方案可知，该溢洪道位于左岸，轴线布置方位为 SE181°，进出口为一条天然的冲沟，有利于布置正槽溢洪道，轴线长大约 850m 左右，泄水于颍河左支，距坝体较远，不会危及大坝的安全，但从地形上看，地势较高，开挖量大，大部分挖方为黄土和黏土，岩石较少，可以用机械开挖，开挖方量可用作围堰材料或堆至右侧山谷中，另外局部土基需做衬砌（可用开挖石料）。若将溢洪道轴线布置在右岸则开挖量大，施工困难（岸体难以开挖），同时与隧洞存在施工干扰，而且尾水可能对段村不利，结合以上分析采用左岸直线方案是比较合理的。

（3）泄洪洞轴线的选择。将泄洪洞布置在右岸，洞长约 200m，工程量较小，与其他建筑物不干扰，进出口水流都较顺畅，从地质条件看，隧洞位于山岩中，岩石的抗风化能力较强，埋深也满足要求，开挖出的石渣还可作为围坝的填筑材料。故取右岸方案。

其他建筑物的布置分析略。

项目2　土石坝结构设计

案例

小浪底水利枢纽工程，拦河大坝为壤土斜心墙堆石坝，坝顶高程281.00m，正常高水位275.00m，库容126.5亿 m³，淤沙库容75.5亿 m³，长期有效库容51亿 m³，1000年一遇设计洪水蓄洪量38.2亿 m³，10000年一遇校核洪水蓄洪量40.5亿 m³。死水位230m，汛期防洪限制水位254m，防凌限制水位266m。防洪最大泄量17000m³/s，正常死水位泄量略大于8000m³/s。

拦河大坝的典型设计断面，如图2.1所示。

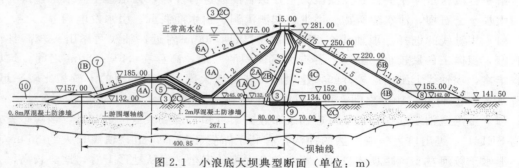

图2.1　小浪底大坝典型断面（单位：m）

①1B—黏土；①A—高塑性黏土；②A、②B、②C—反滤层；③—过滤料；④A、④B、④C—堆石；⑤—掺合料；⑥A、⑥B、⑥C—护坡块石；⑦—堆石护坡；⑧—石渣；⑨—回填砂卵石；⑩—上游铺盖

任务书

大坝结构设计任务书

项　目　名　称	大坝结构设计	参考课时/天
学习型工作任务	土石坝断面尺寸拟定	3.0
	坝顶构造设计	2.0
	防渗体构造设计	2.0
	反滤层、过渡层构造设计	2.0
	坝体排水设计	1.0
	护坡构造设计	1.0
	坝面排水设计	1.0

续表

项　目　名　称	大坝结构设计		参考课时/天	
教学内容	(1) 资料分析。 (2) 坝型选择。 (3) 断面设计。		(4) 断面细部设计。 (5) 报告编写样式。 (6) 设计图绘制	
教学 目标	知识	(1) 熟悉资料分析的方法。 (2) 掌握坝型选择的思路。 (3) 掌握断面设计的方法。	(4) 掌握断面细部设计的方法。 (5) 掌握报告编写的方法。 (6) 掌握设计图绘制的方法	
	技能	(1) 会设计土石坝。	(2) 会绘制土石坝设计图	
	素质	(1) 激发学习兴趣，培养创新意识。 (2) 树立追求卓越、精益求精的岗位责任，培养工匠精神。 (3) 传承大禹精神、红旗渠精神、抗洪精神、愚公移山精神，增强职业荣誉感		
教学任务	(1) 典型断面尺寸设计。(2) 典型断面结构设计			
项目成果	(1) 土石坝设计计算书。(2) 土石坝设计说明书。(3) 土石坝设计图			
技术规范	《碾压式土石坝设计规范》(SL 274—2020)			

任务2.1　大坝断面尺寸拟定

导向问题

黄河小浪底工程拦河大坝采用壤土斜心墙堆石坝。

(1) 坝顶高程 281.00m，如何确定的？

(2) 坝顶宽度 15.0m，如何确定的？

(3) 上游坝坡自上而下依次为 1∶2.6、1∶3.5，下游坝坡自上而下依次为 1∶1.75、1∶1.75、1∶1.75、1∶2.5，为什么这么选择？坝坡选择有什么规律？

相关知识

土石坝坝体根据功能、就地取材等因素，分为不同区域，各区对材料的性质和施工压实要求等有具体的质量评定的技术指标。不同坝型，分区不同。均质坝一般分为坝体、排水体、反滤层和护坡等区；土质防渗体分区坝一般分为防渗体、反滤层、过渡层、坝壳、排水体、护坡、压坡和盖重等区；沥青混凝土和土工膜防渗体分区坝一般分为防渗体、垫层、过渡层、坝壳、排水体和护坡等区。当采用风化料或软岩筑坝时，坝表面一般设保护层，保护层的垂直厚度应不小于 1.5m。

因为土石坝筑坝材料为土、石或土石混合料等散粒体结构，材料的抗剪强度低，故其横断基本形状为梯形。土石坝断面尺寸根据坝高和坝的等级、坝型和筑坝材料、坝基情况以及施工、运行条件等参照现有工程的实践经验初步拟定，然后通过渗流和稳定分析检验，最终确定合理的断面形状。土石坝断面的基本尺寸主要包括：坝顶高程、坝顶宽度、上下游坡度、防渗结构及尺寸、排水设备的型式及基本尺寸等，如图 2.2 所示。

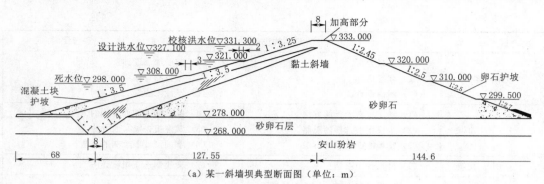

（a）某一斜墙坝典型断面图（单位：m）

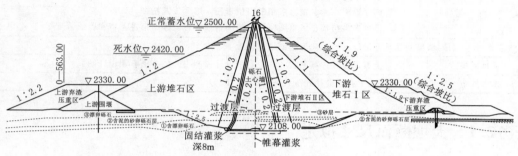

（b）某一心墙堆石坝典型断面图（单位：m）

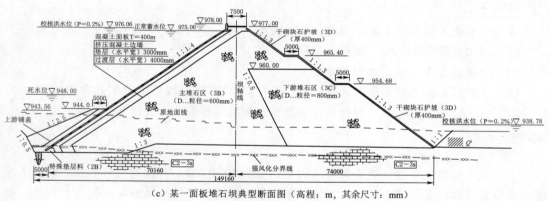

（c）某一面板堆石坝典型断面图（高程：m，其余尺寸：mm）

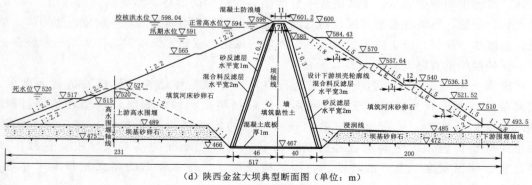

（d）陕西金盆大坝典型断面图（单位：m）

图 2.2　土石坝的典型断面

2.1.1　坝顶高程

1. 坝顶高程

土石坝的设计坝顶高程等于水库静水位与坝顶超高之和，应按下列运用条件计算，取其最大值。

（1）正常蓄水位加正常运用条件的坝顶超高。

（2）设计洪水位加正常运用条件的坝顶超高。

（3）校核洪水位加非常运用条件的坝顶超高。

（4）正常蓄水位加非常运用条件的坝顶超高，再规定加地震安全加高。

坝顶在静水位以上的超高 y 按式（2.1）计算。坝顶超高计算如图 2.3 所示。

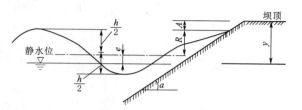

图 2.3　坝顶超高计算图

$$y = R + e + A \tag{2.1}$$

式中　y——坝顶超高，m；

　　　R——最大波浪在坝坡上的爬高，m；

　　　e——最大风壅水面高度，m；

　　　A——安全加高，m；根据坝的等级和运用情况，按表 2.1 确定。

表 2.1　　　　　　　　　　　　　　安　全　加　高　A　　　　　　　　　　　　　　单位：m

坝的级别		1 级	2 级	3 级	4 级、5 级
正常运用条件		1.50	1.00	0.70	0.50
非常运用条件	山区、丘陵区	0.70	0.50	0.40	0.30
	平原、滨海区	1.00	0.70	0.50	0.30

2. 风壅水面高度 e

风壅水面高度 e 按式（2.2）计算。

$$e = \frac{K_f W^2 D}{2 g H_m} \cos\beta \tag{2.2}$$

式中　H_m——风区内水域的平均水深，沿风向做出地形断面图求得，计算水位与相应的

　　　　　　设计状况下的静水位一致，m；

　　　K_f——综合摩阻系数，一般取 3.6×10^{-6}；

　　　β——风向与坝轴线法线的夹角，（°）；

　　　W——计算风速，m/s；正常运用条件下 1 级、2 级坝，取多年平均最大风速的

　　　　　　1.5～2.0 倍，正常运用条件下 3 级、4 级和 5 级坝，取多年平均最大风速

　　　　　　的 1.5 倍，非常运用条件下，取多年平均最大风速；

　　　D——风区长度或吹程，m。

3. 波浪要素计算

波浪要素包括：波高、波长和波浪周期，一般采用莆田试验站公式计算。对于丘陵、平原地区水库，当 $W<26.5\text{m/s}$、$D<7500\text{m}$ 时，波浪的波高和平均波长可采用鹤地水库公式计算；对于内陆峡谷水库，当 $W<20\text{m/s}$、$D<20000\text{m}$ 时，波浪的波高和平均波长可采用官厅水库公式计算。

（1）莆田试验站计算公式。莆田试验站公式计算波浪的平均波高、平均波周期，如式（2.3）、式（2.4）。平均波长采用式（2.5）。

$$\frac{gh_m}{W^2}=0.13\tanh\left[0.7\left(\frac{gH_m}{W^2}\right)^{0.7}\right]\tanh\left\{\frac{0.0018\left(\frac{gD}{W^2}\right)^{0.45}}{0.13\tanh\left[0.7\left(\frac{gH_m}{W^2}\right)^{0.7}\right]}\right\} \tag{2.3}$$

$$T_m=4.438h_m^{0.5} \tag{2.4}$$

$$L_m=\frac{gT_m^2}{2\pi}\tanh\left(\frac{2\pi H}{L_m}\right) \tag{2.5}$$

$$\tanh x=\frac{\sinh x}{\cosh x}=\frac{e^x-e^{-x}}{e^x+e^{-x}} \tag{2.6}$$

式中　h_m——平均波高，m；

　　　　T_m——平均波周期，s；

　　　　W——计算风速，m/s；

　　　　D——风区长度或吹程，m；

　　　　H_m——水域平均水深，m；

　　　　g——重力加速度，取 9.81m/s^2；

　　　　L_m——平均波长，m；

　　　　H——坝迎水面前水深，m。

（2）鹤地水库计算公式。适用于丘陵、平原地区水库，当 $W<26.5\text{m/s}$、$D<7500\text{m}$ 时，波浪的波高、平均波长采用鹤地水库公式计算。

$$\frac{gh_p}{W^2}=0.00625W^{1/6}\left(\frac{gD}{W^2}\right)^{1/3} \tag{2.7}$$

$$\frac{gL_m}{W^2}=0.0386\left(\frac{gD}{W^2}\right)^{1/2} \tag{2.8}$$

式中　h_p——累积频率 P 为2%的波高，m。

（3）官厅水库公式

适用于内陆峡谷水库，当 $W<20\text{m/s}$、$D<20000\text{m}$ 时，波浪的波高、平均波长采用官厅水库公式计算。

$gD/W^2=20\sim250$ 时 h_p 为累积频率5%的波高 $h_{5\%}$，$gD/W^2=250\sim1000$ 时 h_p 为累积频率10%的波高 $h_{10\%}$。

$$\frac{gh_p}{W^2}=0.0076W^{-1/12}\left(\frac{gD}{W^2}\right)^{1/3} \tag{2.9}$$

$$\frac{gL_{\mathrm{m}}}{W^2} = 0.331 W^{-1/2.15}\left(\frac{gD}{W^2}\right)^{1/3.75} \tag{2.10}$$

不同累积频率 P 下的波高，可由平均波高与平均水深的比值和相应的累积频率按表 2.2 中规定的系数计算求得。

表 2.2　　　　　　　　　不同累积频率下的波高与平均波高比值

$h_{\mathrm{m}}/H_{\mathrm{m}}$	$P/\%$										
	0.01	0.1	1	2	4	5	10	14	20	50	90
<0.1	3.42	2.97	2.42	2.23	2.02	1.95	1.71	1.60	1.43	0.94	0.37
$0.1\sim0.2$	3.25	2.82	2.30	2.13	1.93	1.87	1.64	1.54	1.38	0.95	0.43

4. 设计波浪爬高

波浪爬高 R 坝前的波浪要素（波高和波长）、坝坡坡度、坡面糙率、坝前水深、风速等因素有关。

设计波浪爬高值应根据工程等级选定，1 级、2 级和 3 级坝采用累积频率为 1% 的爬高值 $R_{1\%}$，4 级、5 级坝采用累积频率为 5% 的爬高值值 $R_{5\%}$。

（1）正向来波在单坡上的平均波浪爬高。正向来波在单坡上的平均波浪爬高按式（2.11）、式（2.12）计算。

1）当 $m=1.5\sim5.0$ 时，平均波浪爬高按式（2.11）计算：

$$R_{\mathrm{m}} = \frac{K_{\Delta}K_{\mathrm{w}}}{\sqrt{1+m^2}}\sqrt{h_{\mathrm{m}}L_{\mathrm{m}}} \tag{2.11}$$

式中　R_{m}——平均波浪爬高，m；

　　　　m——单坡的坡度系数，若坡角为 α，即等于 $\cot\alpha$；

　　　　K_{Δ}——斜坡的糙率渗透性系数，根据护面类型由表 2.3 查得；

　　　　K_{w}——经验系数，按表 2.4 查得。

表 2.3　　　　　　　　　糙率渗透性系数 K_{Δ}

护 面 类 型	K_{Δ}	护 面 类 型	K_{Δ}
光滑不透水护面（沥青混凝土）	1.00	砌石	$0.75\sim0.80$
混凝土或混凝土板	0.90	抛填两层块石（不透水基础）	$0.60\sim0.65$
草皮	$0.85\sim0.90$	抛填两层块石（透水基础）	$0.50\sim0.55$

表 2.4　　　　　　　　　经验系数 K_{w}

$\dfrac{W}{\sqrt{gH}}$	$\leqslant 1$	1.5	2	2.5	3	3.5	4	$\geqslant 5$
K_{w}	1.00	1.02	1.08	1.16	1.22	1.25	1.28	1.30

2）当 $m\leqslant1.25$ 时，平均波浪爬高按式（2.12）计算：

$$R_{\mathrm{m}} = K_{\Delta}K_{\mathrm{w}}R_0 h_{\mathrm{m}} \tag{2.12}$$

式中　R_0——无风情况下，平均波高 $h_{\mathrm{m}}=1.0\mathrm{m}$ 时，光滑不透水护面（$K_{\Delta}=1$）的爬高值，由表 2.5 查得。

表 2.5 R_0 值

m	0	0.5	1.0	1.25
R_0	1.24	1.45	2.20	2.50

3）当 $1.25 < m < 1.5$ 时，可由 $m = 1.25$ 和 $m = 1.5$ 的计算值按内插法确定。

（2）不同累积频率下的波浪爬高。不同累积频率下的波浪爬高 R_P 由平均波高与坝迎水面前水深的比值和相应的累积频率 P 按表 2.6 规定的系数计算求得。

表 2.6 不同累积频率下的爬高与平均爬高比值（R_P/R_m）

h_m/H	$P/\%$									
	0.1	1	2	4	5	10	14	20	30	50
<0.1	2.66	2.23	2.07	1.90	1.84	1.64	1.53	1.39	1.22	0.96
$0.1 \sim 0.3$	2.44	2.08	1.94	1.80	1.75	1.57	1.48	1.36	1.21	0.97
>0.3	2.13	1.86	1.76	1.65	1.61	1.48	1.39	1.31	1.19	0.99

（3）正向来波在带有马道的复坡上的平均波浪爬高确定如下。

1）马道上、下坡度一致时，按下列规定确定：

a. 马道位于静水位上、下 $0.5h_{1\%}$ 范围内，其宽度为 $(0.5 \sim 2.0) h_{1\%}$ 时，平均波浪爬高应为按单一坡计算值的 $0.9 \sim 0.8$ 倍。

b. 当马道位于静水位上、下 $0.5h_{1\%}$ 以外，宽度小于 $(0.5 \sim 2.0) h_{1\%}$ 时，可不才能考虑其影响。

2）马道上、下坡度不一致，且位于静水位上、下 $0.5h_{1\%}$ 范围内时，可先按式 (2.13) 确定该坝坡的折算单坡坡度系数，再按单坡计算。

$$\frac{1}{m_c} = \frac{1}{2}\left(\frac{1}{m_u} + \frac{1}{m_s}\right) \tag{2.13}$$

式中　m_c——折算单坡坡度系数；

m_u——马道以上坡度系数，$m_u \geqslant 1.5$；

m_s——马道以下坡度系数，$m_s \geqslant 1.5$。

计算时，按式 (2.1) ～式 (2.9)，按设计洪水位、校核洪水位、正常高水位、地震情况等 4 种工况分别计算，成果汇总见表 2.7。

表 2.7 坝 顶 高 程 计 算 表

计算工况	水库静水位/m	最大波浪在坝坡上的爬高 R/m	最大风壅水面高度 e/m	安全加高 A/m	坝顶超高 y/m	防浪墙顶高程/m	坝顶高程/m
设计洪水位							
校核洪水位							
正常高水位							
地震情况							

当坝顶上游设防浪墙时，坝顶超高可改为对防浪墙顶的要求。但此时在正常运用条件下，坝顶应高出静水位 0.5m，在非常运用条件下，坝顶应不低于静水位。

因碾压土石坝在自重作用下，坝体会产生沉陷，坝顶填筑高程即竣工时坝顶高程，等于设计坝顶高程加上坝顶预留的竣工后沉降超高，确保大坝竣工后不因坝体沉降而使坝顶高程低于设计高程。沉降超高与坝高直接相关，坝高越高，沉降越大，一般情况，最大断面处沉陷最大，向左、右坝端逐渐降低。沉降超高一般取坝高的 1‰～2‰ 预留，但不计入坝高。黄河小浪底工程设计坝顶高程 281.00m，坝顶最大预留沉降超高为 2.00m，坝顶填筑高程最大为 283.00m。

2.1.2　坝顶宽度

坝顶宽度应根据构造、施工、运行管理和抗震等因素确定，为了防止车辆荷载及其振动对大坝变形和安全造成严重影响，坝顶一般不作为公共交通道路。

坝顶宽度还应满足坝顶布置需要，必须考虑心墙或斜墙顶部宽度及过渡层的布置需要。在寒冷地区，坝顶还须有足够厚度的保护层以保护黏性土料防渗体免受冻害。此外，还应考虑施工、运行检修的需要。高坝的坝顶最小宽度可选用 10～15m，中低坝可选用 5～10m。如小浪底壤土斜心墙坝坝高 160m、顶宽 15m，中国台湾的曾文斜墙坝坝高 133m、顶宽 10m，瀑布沟砾石土心墙坝坝高 186m、顶宽 14m。

近些年国内修建了一些 200m 及以上的高土石坝，坝顶宽度也有超过 15m，如糯扎渡砾石土心墙坝坝高 261.5m、顶宽 18m，双江口砾石土心墙坝坝高 314m、坝顶宽 16m，长河坝砾石土心墙坝坝高 240m、坝顶宽 16m。

2.1.3　坝坡

坝坡应根据坝型、坝高、坝的级别、坝体和坝基材料的性质、坝所承受的荷载以及施工和运用条件等因素，经技术经济比较后确定。一般情况下，均质坝坝坡最缓，坡度约为 1∶3；上游坡缓与下游坡，下部坡缓与上部坡；黏土斜墙坝的上游坡缓与下游坡。其他坝坡一般在 1∶2～1∶4 之间。均质坝、土质防渗体分区坝、沥青混凝土面板或心墙坝及土工膜心墙或斜墙坝坝坡，初选时一般参照已建坝的经验或近似方法拟定，然后通过坝坡稳定计算确定。均质坝坝坡初拟参考值见表 2.8，心墙坝、斜墙坝坝坡初拟参考值见表 2.9。

土质防渗体的心墙坝，当下游坝壳采用堆石时，常用坡度为 1∶1.5～1∶2.5，采用土料时，常用 1∶2.0～1∶3.0。上游坝壳采用堆石时，常用 1∶1.7～1∶2.7，采用土料时，常用 1∶2.5～1∶3.5。斜墙坝的下游坝坡坡度可参照上述数值选用，取值应偏陡；上游坝坡则可适当放缓。

人工材料面板坝，采用优质石料分层碾压时，上游坝坡坡度一般采用 1∶1.4～1∶1.7；良好堆石的下游坝坡可为 1∶1.3～1∶1.4；如为卵砾石时，可放缓至 1∶1.5～1∶1.6；坝高超过 110m 时，也宜适当放缓。人工材料心墙坝，均可参照上述数值选用，并且上下游可采用同一坡率。

表 2.8　　　　　　　　　　　　　　　　　　均质坝坝坡初拟参考值

坝高/m	坝坡级数	上游坡	下游坡
<15	1	1:2.0～1:2.50	1:2.0
15～25	2	1:2.5～1:2.75	1:2.0～1:2.5
25～35	3	1:2.75～1:3.00	1:2.5～1:2.75

表 2.9　　　　　　　　　　　　　　　　心墙坝、斜墙坝坝坡初拟参考值

坝壳料种类		级配较差的砂砾石		级配良好的砂砾石		弱风化石渣	
坝坡		上游坡	下游坡	上游坡	下游坡	上游坡	下游坡
一级坡	心墙坝	1:2.0	1:2.0	1:1.8	1:1.75～1:2.0	1:1.2	1:1.8
	斜墙坝	1:2.5～1:2.75	1:2.0	1:2.5～1:2.75	1:2.0～1:2.25	1:2.5～1:2.75	1:1.6～1:1.8
二级坡	心墙坝	1:2.0～1:2.5	1:2.0～1:2.5	1:1.8～1:2.0	1:1.75～1:2.0	1:2.0～1:2.5	1:1.8
	斜墙坝	1:2.75～1:3.0	1:2.0～1:2.5	1:2.5～1:3.0	1:1.5～1:1.75	1:2.75～1:3.0	1:1.6～1:1.8
三级坡	心墙坝	1:2.5～1:3.0	1:2.25～1:2.75	1:2.0～1:2.5	1:1.8～1:2.0	1:2.0～1:2.5	1:2.0
	斜墙坝	1:2.75～1:3.25	1:2.0～1:2.5	1:2.5～1:3.0	1:2.0～1:2.5	1:2.75～1:3.0	1:1.8～1:2.0
四级坡	心墙坝	1:2.5～1:3.0	1:2.5～1:2.75	1:2.0～1:2.5	1:1.8～1:2.0	1:2.0～1:2.5	1:2.0
	斜墙坝	1:3.0～1:3.5	1:2.5～1:2.75	1:2.5～1:3.0	1:2.0～1:2.5	1:2.75～1:3.0	1:1.8～1:2.0

注　数据摘自水利水电规划总院关志诚主编的《水工设计手册》(第2版),中国水利水电出版社,2014年9月。

当因坝基抗剪强度低,坝体不满足深层稳定要求时,可以采用在坝坡脚压坡的方法提高其稳定性。地震设计烈度为Ⅷ度、Ⅸ度时,坝顶附近处上游、下游局部坝坡可放缓,可采用加筋堆石、表面钢筋网或大块石堆筑等加固措施。

2.1.4　马道

碾压式土石坝坝坡马道一般根据坝坡坡度变化、坝面排水、检修维护、监测巡查、增加护坡和坝基稳定等需要设置。土质防渗体分区坝和均质坝上游坝坡应少设或不设马道,非土质防渗材料面板坝上游坡不应设马道。下游坝坡亦常设1～2条马道,土石坝上游坝坡视情况亦可增设马道。特别是在狭窄高陡河谷中的高土石坝,在下游坝坡设"Z"字形马道,作为上坝公路。

马道宽度应根据用途确定,最小宽度1.5m,当马道设排水沟时,排水沟以外的马道宽度不小于1.5m。

2.1.5　步梯

根据大坝观测、巡视和维护需要,下游坝坡设置一道或多道坝顶至坝脚步梯,净宽度不小于1.5m,两侧设置栏杆。

学习小结

请用思维导图对知识点进行归纳总结。

学习测试

1. 土石坝的设计坝顶高程跟（　　）等于因素有关。

A. 库水位　　　　　　B. 库容　　　　　　　C. 安全加高　　　　　　D. 波浪爬高

2. 波浪要素计算时，计算风速与多年平均最大风速的关系是（　　）。

A. 计算风速等于多年平均最大风速

B. 计算风速大于多年平均最大风速

C. 计算风速小于多年平均最大风速

D. 正常运用条件下 1 级、2 级坝，取多年平均最大风速的 1.5～2.0 倍，3 级、4 级和 5 级坝，取多年平均最大风速的 1.5 倍

E. 非常运用条件下，取多年平均最大风速

3. 波浪爬高与（　　）等因素有关。

A. 波浪要素　　　　　B. 坝坡坡度　　　　　C. 坝前水深　　　　　D. 风速

4. 设计波浪爬高值应根据（　　）选定。

A. 库水位　　　　　　B. 库容　　　　　　　C. 洪水标准　　　　　D. 工程等级

5. 设计波浪爬高值应根据工程等级选定，1 级、2 级和 3 级坝采用累积频率为（　　）的爬高值。

A. 1%　　　　　　　　B. 2%　　　　　　　　C. 5%　　　　　　　　D. 10%

6. 设计波浪爬高值应根据工程等级选定，4 级、5 级坝采用累积频率为（　　）的爬高值。

　　A. 1% 　　　　　　B. 2% 　　　　　　C. 5% 　　　　　　D. 10%

7. 当坝顶上游设防浪墙时，坝顶超高可改为对（　　）的要求，但此时在正常运用条件下，坝顶应高出静水位 0.5m，在非常运用条件下，坝顶应不低于静水位。

　　A. 心墙顶部高程　　　B. 防渗体顶部高程　　　C. 坝顶　　　　　　　D. 防浪墙顶

8. 因碾压土石坝在自重作用下，坝体会产生沉陷，故坝顶应预留竣工后的沉降超高，预留竣工后的沉降超高（　　）。

　　A. 应计入坝高　　　　B. 不应计入坝高

9. 土石坝的坝顶一般（　　）当成公共交通道路。

　　A. 可以　　　　　　B. 不可以

10. 以下关于土石坝的坝坡说法正确的是（　　）。

　　A. 一般情况下，上游坡缓与下游坡

　　B. 一般情况下，上游坡陡与下游坡

　　C. 一般情况下，下部坡缓与上部坡

　　D. 一般情况下，下部坡陡与上部坡

11. 根据大坝观测、巡视和维护需要，下游坝坡设置一道或多道坝顶至坝脚（　　），净宽度不小于 1.5m，两侧设置栏杆。

　　A. 步梯　　　　　　B. 马道　　　　　　C. 排水沟　　　　　　D. 土工格栅

技能训练

段村水库为Ⅲ等工程，拦河大坝、溢洪道、泄洪洞均为 3 级建筑物。清基后的坝基面高程为 333.0m。水库多年平均最大风速是 12.1m/s，水库风区长度是 3.2km。流域水利规划成果：死水位 348m。正常蓄水位 360.52m，相应库容 1413.07m^3。设计洪水位 363.62m（频率 2%），相应库容 1998.36 万 m^3，相应最大泄量 540＋90m^3/s。校核洪水位 364.81m（频率 0.2%），相应库容 2299.68 万 m^3，相应最大泄量 800＋110m^3/s。

任务：确定大坝的典型断面尺寸、绘制断面设计图。

解析：（1）坝高程计算。土石坝的设计坝顶高程等于水库静水位与坝顶超高之和，由于筑坝区域的地震烈度 小于 6 度，不考虑地震情况，故石坝的设计坝顶高程按下列 3 种运用条件计算，取其最大值。

正常蓄水位加正常运用条件的坝顶超高；设计洪水位加正常运用条件的坝顶超高；校核洪水位加非常运用条件的坝顶超高。

1）设计洪水位情况。基本数据见表 2.10。

计算风速：取多年平均最大风速的 1.5 倍，1.5×12.1＝18.15m/s。

莆田试验站公式计算波浪的平均波高、平均波周期见式（2.3）～式（2.5）。

表 2.10　　　　　　　　　　　　　　基 本 数 据 表

设计洪水位/m	频率/%	坝基面高程/m	水深 H/m	水域平均水深 H_m/m	多年平均最大风速/(m/s)	风区长度/m
363.62	2	333.0	30.62	15.50	12.1	3200

计算如下：

波浪平均爬高：$h_m = 0.458$

平均周期：$\qquad T_m = 4.438 \times \sqrt{h_m} = 4.438 \times \sqrt{0.458} = 3.00$

计算平均波长：

$$L_m = \frac{g T_m^2}{2\pi} \tanh\left(\frac{2\pi H}{L_m}\right) = \frac{g \times 3^2}{2\pi} \tanh\left(\frac{2\pi \times 30.62}{L_m}\right) = 14.09 \times \tanh\left(\frac{192.29}{L_m}\right)$$

经试算得 $L_m = 14.09$

因为上游采用混凝土格宾石笼护坡，$K_\Delta = 0.5$，$K_w = 1.0$。

上游换算单一坡度为 m：$\dfrac{1}{m} = \dfrac{1}{2} \times \left(\dfrac{1}{m_1} + \dfrac{1}{m_2}\right) = \dfrac{1}{2} \times \left(\dfrac{1}{3} + \dfrac{1}{3.25}\right) = 0.32$

$m = 3.12$

代入式（2.11）得 $R_m = 0.39$

不同累积频率 P 下的波高，可由平均波高与平均水深的比值和相应的累积频率按表 2.6 中规定的系数计算求得。

设计波浪爬高：设计波浪爬高值应根据工程等级选定，3 级坝采用累积频率为 1% 的爬高值为 $R_{1\%}$。

因为 $h_m/H_m = 0.015 < 0.1$，查表得 $R_{1\%}/R_m = 2.23$，所以 $R_{1\%} = 0.87$。

风壅水面高度 e：

$$e = \frac{K_f W^2 D}{2g H_m} \cos\beta$$

式中　e——计算点处的风壅水面高度，m；

$\qquad K_f$——综合摩阻系数，取 3.6×10^{-6}；

$\qquad \beta$——计算风向与坝轴线法线的夹角，(°)。

$\beta = 0°$，计算得 $e = 0.012$m。

查表 2.1 得安全加高 $A = 0.7$m。

计算结果填表，见表 2.13。

2）正常蓄水位情况。正常蓄水位 360.52m，下游无水，其余基本数据见表 2.11。

表 2.11　　　　　　　　　　　　　基 本 数 据 表

正常蓄水位/m	坝基面高程/m	水深 H/m	水域平均水深 H_m/m	多年平均最大风速/(m/s)	风区长度/m
360.52	333.0	27.52	14.00	12.1	3200

重复上述计算，并将计算结果填入计算表 2.13。

3）校核洪水位情况。校核洪水位 364.81m（频率 0.2%），相应库容 2299.68 万 m³，其余基本数据见表 2.12。

表 2.12　　　　　　　　　　　　　基 本 数 据 表

设计洪水位/m	频率/%	坝基面高程/m	水深 H/m	水域平均水深 H_m/m	多年平均最大风速/(m/s)	风区长度/m
364.81	0.2	333.0	31.81	16.0	12.1	3200

重复上述计算,并将计算结果填入计算表2.13。

表 2.13　　　　　　　　　　坝顶高程计算汇总表

计算情况	库水位/m	平均波高 h_m/m	平均波周期 T_m/s	平均波长 L_m/m	平均波浪爬高 R_m/m	$R_{1\%}$/m	风壅水面高度 e/m	安全加高 A/m	坝顶高程/m
校核洪水位	364.81	0.30	2.41	9.07	0.37	0.84	0.005	0.4	366.10
设计洪水位	363.62	0.46	3.01	14.15	0.58	1.30	0.012	0.7	365.63
正常蓄水位	360.52	0.46	3.00	14.06	0.58	1.30	0.014	0.7	362.53

根据以上计算,坝顶高程取最大值366.10m,坝顶上游侧设置1.2m高的防浪墙,即坝顶路面高程为364.9m。

综上所述,坝顶高程为364.9m,防浪墙顶高程为366.1m。

(2)坝顶宽度确定。坝顶宽度应根据构造、施工、运行管理和抗震等因素确定。中低坝可选用5~10m。本工程坝顶宽度取7.0m。

(3)坝坡的确定。依据工程经验,该坝的上游坝坡自上至下依次为1:3、1:3.5,在353.0m处变坡,并设置宽1.5m马道;下游坝坡自上至下依次为1:2、1:2.5,在353.0m处变坡,并设置宽1.5m马道。

典型断面设计图如图2.4所示。

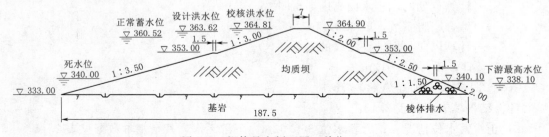

图2.4　坝体最大剖面图(单位:m)

任务2.2　坝顶结构设计

导向问题

(1)小浪底大坝的坝顶护面有什么作用?是什么材料?

(2)小浪底大坝坝顶上游为什么设置防浪墙?

(3)小浪底大坝坝顶除了有护面、防浪墙,还设置有哪些结构?

相关知识

土石坝的坝顶一般由护面、防浪墙、坝面排水设施、路沿石及防护栏组成。坝面布置与坝顶结构应力求经济实用，在建筑艺术处理方面要美观大方，并与周围环境相协调。

土石坝的坝顶需要做护面，面层材料多为砂砾石、泥结碎石、混凝土预制块或沥青混凝土等柔性材料，以适应坝体变形，坝体有裂缝也容易发现，护面厚度一般为 10～20cm。坝顶采用混凝土、沥青等耐冲的材料，对防汛有一定的好处；但厚层混凝土护面刚度较大，与坝体变形不同步，会使土与混凝土之间出现间隙，坝体裂缝不易发现。因此，土石坝建成初期，坝体变形较大且不稳定，坝顶多采用柔性护面材料；建成运行一定时间，坝体沉降稳定后，再按照需求改为混凝土等路面形式。

坝顶护面下设置水泥土、砂砾石、碎石垫层 1～2 层，厚度一般为 20cm 左右，以保护坝体土料、防渗体免受冰冻、干裂影响。

土石坝的坝顶向上游、下游两侧倾斜或单一向下游侧倾斜，斜坡的坡度应根据降雨强度选取，一般为 2‰～3‰，并应做好排水系统。流向上游侧的水流，一般需要集中后，设置一定数量的排水管，在不影响路面结构的前提下排向下游，流向下游侧的水流与下游坝面排水系统连接。

坝顶上游侧设防浪墙，墙顶应高于坝顶 1～1.2m，墙底应与防渗体紧密结合，形状一般为 L 形或 T 形，如图 2.5 所示。防浪墙应具有不透水、一定的强度和耐久性，一般用混凝土、钢筋混凝土建造，厚度应根据稳定、强度计算确定，一般为 20～50cm。防浪墙每隔 10～20 m 设置一道伸缩缝，缝宽 1～2cm，缝内设有 PVC 泡沫板、闭孔胶、沥青等弹性填充料。为防止伸缩缝漏水，缝内需要设置止水，止水形式应满足坝体变形要求选用。防浪墙深入坝体的尺寸，应根据稳定计算，一般不小于 1m，底板长度应依据防渗、稳定需要确定。

中坝、高坝坝顶下游侧和不设防浪墙的上游侧，应设栏杆、护栏等安全防护措施，高度为 1～1.2m。低坝坝顶下游侧可以不设护栏，需要设置路沿石，一般用预制混凝土块，尺寸一般为 100cm×60cm×15cm，顶部高出坝面至少 10cm。

土石坝的坝顶还应按照运行管理、应急抢险等要求设置照明设施和停车场地。

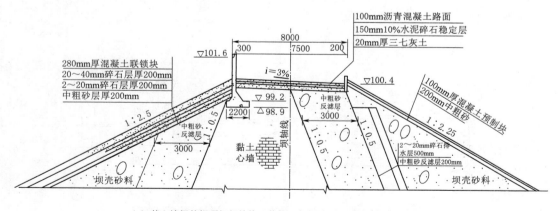

（a）某心墙坝的坝顶细部结构（单位：高程以m计，其他尺寸以mm计）

图 2.5（一）　土石坝的顶细部构造

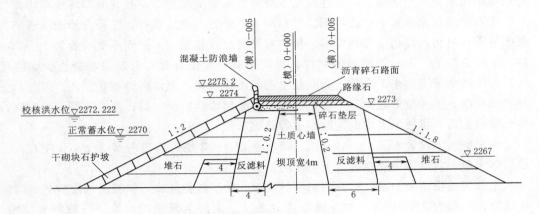

（b）某心墙堆石坝的坝顶细部结构（单位：m）

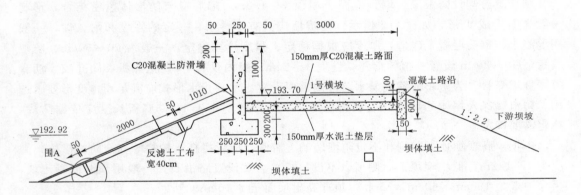

（c）某均质坝的坝顶细部结构（单位：高程以m计，其他尺寸以mm计）

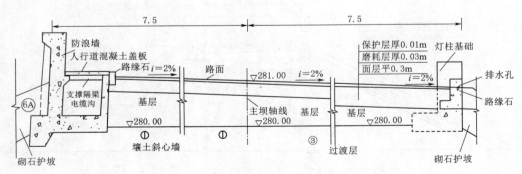

（d）小浪底水利枢纽工程拦河坝的坝顶细部结构图（单位：m）

图2.5（二） 土石坝的顶细部构造

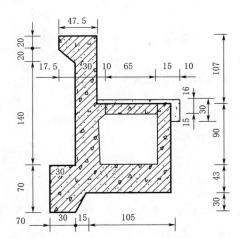

（e）小浪底水利枢纽工程拦河坝的防浪墙细部图（单位：cm）

图 2.5（三） 土石坝的顶细部构造

　　小浪底水利枢纽工程拦河坝坝顶构造如图 2.5（d）、（e），坝顶上游侧设置混凝土防浪墙，墙底高出坝顶 1.2m，沿坝轴线方向每 10.0m 设一条伸缩缝，防浪墙底部深入坝内，与黏土斜心墙紧密结合。考虑沉陷影响，坝顶路面采用柔性材料铺筑（混凝土块），坝顶路面与斜心墙顶之间设置 1.0m 碎石基层（垫层），保护斜心墙免受干裂影响。坝顶下游侧设置路沿石、栏杆。

学习小结

　　请用思维导图对知识点进行归纳总结。

学习测试

（1）小浪底大坝的坝顶护面厚度是（　　　）cm。

A. 10　　　　　　　　B. 20　　　　　　　　C. 30　　　　　　　　D. 34

（2）小浪底大坝坝顶上游侧设置防浪墙的目的是（　　　）。

A. 节省工程量　　　B. 挡水　　　　　　C. 防渗　　　　　　D. 抗冲

（3）小浪底大坝坝顶除了有护面、防浪墙，还设置有（　　　）。

A. 排水系统　　　　B. 路沿石　　　　　C. 灯柱　　　　　　D. 以上都有

技能训练

坝顶细部设计：

段村水库土石坝的坝顶宽度 6m，顶部高程 364.9m，坝顶由护面、防浪墙、坝面排水设施、路沿石及防护栏组成。

坝顶设置 150mm 厚的沥青混凝土护面，以适应坝的变形。护面下设置 150mm 厚的水泥碎石垫层和 150mm 厚的水泥土稳定层，以保护坝体土料不受冰冻、干裂影响。为排除坝顶雨水，坝顶设置向下游侧倾斜的横坡，坡度为 2‰，并与下游坝面的排水系统连通。

坝顶上游侧设 C20 混凝土防浪墙，墙顶高程 366.1m，墙底深入坝体内部 1.0m，墙底高程 363.9m，墙厚 250mm，沿坝长方向每隔 10m 设置一道伸缩缝，缝宽 2cm，缝内设有 PVC 泡沫板和闭孔胶。为防止伸缩缝漏水，缝内设置橡胶止水带。

坝顶下游侧设路沿石、防护栏等安全防护措施，防护栏高度为 1.2m，路沿石用预制混凝土块，尺寸一般为 100cm×60cm×15cm，顶部高出坝面 15cm。

绘制坝顶细部设计图略。

任务2.3　防渗体设计

导向问题

（1）小浪底枢纽工程的拦河大坝为堆石坝，水库还能蓄水吗？大坝依靠什么防渗？

（2）小浪底大坝有没有设置坝体排水？坝体排水作用是什么？常见的排水体有哪几种型式？

相关知识

土石坝的防渗体作用是防止渗流穿过坝体、减少坝体渗漏量，降低浸润线，防止发生渗透变形，保证坝体的渗透稳定性。防渗体型式主要有土质防渗体（黏土心墙、黏土斜墙等）、非土质防渗体（混凝土面板、混凝土心墙）等形式，其结构和断面尺寸应能满足防渗、构造、施工等方面的要求。土质防渗体自上而下应逐渐加厚，顶部的水平宽度不小于 3m，以便于机械化施工，土质防渗体顶部高程应预留竣工后沉降超高，目的是防止防渗体因沉降造成顶部高程低于设计值，也就是说竣工时防渗体顶填筑高程，要考虑加上竣工后的沉降超高。

　　土质防渗体的压实度应满足以下规定：1 级坝、2 级坝和 3 级以下高坝的压实度不应低于 98%，3 级中坝、低坝及 3 级以下中坝压实度不应低于 96%。

　　1. 黏土心墙

　　防渗体布置在坝体中部，有时稍偏上游，称黏土心墙。防渗体为壤土或砾石土，如图 2.6 所示。为便于防渗体和坝顶的防浪墙连接，防渗体稍偏上游或略微倾斜。优点是心墙后的坝壳先期施工，得到充分的先期沉降，以减少裂缝产生。

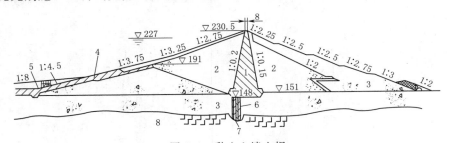

图 2.6　黏土心墙土坝

1—黏土心墙；2—半透水料；3—砂卵石；4—上游围堰的黏土斜墙；

5—盖层；6—混凝土防渗墙；7—灌浆帷幕；8—玄武岩

　　由于心墙为黏性土，材料的抗剪强度低，施工质量受气候的影响大，合适的黏土数量也难就近得到满足，所以，一般不做肥厚的心墙。心墙厚度常根据土壤的允许渗透坡降而定。《碾压式土石坝设计规范》（SL 274—2020）规定，心墙顶部水平宽度不小于 3.0m，底部厚度不小于作用水头的 1/4。黏土心墙两侧边坡在 1:0.15～1:0.3 之间。心墙的顶部应高出设计洪水位（或正常蓄水位）0.3m，且不低于校核水位。当坝顶有防浪墙时，心墙顶部高程也不应低于正常运用情况的静水位。黏土心墙顶部与坝顶高程的要求相同，应预留竣工后的沉降超高。心墙顶与坝顶之间应设有保护层，其厚度不小于该地区的冻结和干裂深度，同时按结构要求不应小于 1m。心墙与坝壳之间应设置过渡层，起反滤层的作用。过渡层的结构虽比反滤层的要求低一些，但也应采用级配良好的、抗风化的细粒石料和砂砾石料，以使整个坝体内应力传递均匀，并保证坝壳的排水效果良好。

　　心墙应坐落在相对不透水地基或经过防渗处理的地基上，心墙与地基必须有可靠的连接。如果地基为不透水土基，心墙应嵌入地基，如图 2.7（a）所示。如果地基为岩基，为了防止黏土与岩基表面结合不紧密而产生集中渗流，在基岩面上设置一道或数道混凝土齿墙，如图 2.7（b）所示，齿墙的上部深入心墙 1.0～2.5m，下部嵌入岩基的深度0.3～0.5m，如图 2.7（c）；如果基岩不够新鲜完整，常在心墙的底部设置混凝土齿垫或坐垫，必要时还要在下部进行帷幕灌浆，如图 2.7（d）、（e）所示。

　　心墙与两岸必须有可靠的连接，与心墙连接的岸坡应开挖平顺、无台阶状、反坡或突然变坡，土质岸坡坡度不陡于 1:1.5，岩石岸坡不陡于 1:0.5，心墙与岸坡连接处附近，扩大防渗体断面并加厚反滤层。

　　2. 黏土斜墙

　　如图 2.8 所示，土石坝的防渗体布置在坝的上游侧，形成黏土斜墙。黏土斜墙的构造除外形外，其他均与心墙类似。黏土斜墙的顶厚也不应小于 3m。为保证抗渗稳定，底

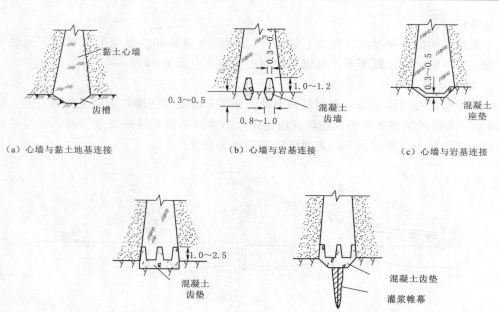

（a）心墙与黏土地基连接　　　　（b）心墙与岩基连接　　　　（c）心墙与岩基连接

（d）心墙与岩基连接　　　　　　（e）心墙与岩基连接

图 2.7　心墙与坝基的连接

厚（指与斜墙上游坡面垂直的厚度）不应小于作用水头的 1/5。墙顶应高出正常运用条件下的静水位至少 0.6m，且不低于校核水位。当坝顶有防浪墙时，斜墙顶部高程也不应低于正常运用情况的静水位，同样，如有防浪墙，斜墙顶部也不应低于正常运用情况的静水位，黏土斜墙顶部应预留竣工后的沉降超高。

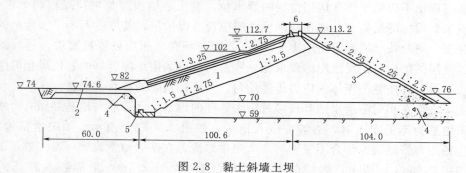

图 2.8　黏土斜墙土坝

1—黏土斜墙；2—黏土铺盖；3—砂砾半透水层；4—砂砾石土基；5—混凝土盖板齿墙

为防止斜墙因弯曲、沉降而断裂，其厚度应比仅按渗透稳定条件确定的数值大。斜墙顶部和上游坡都必须设保护层，以防冲刷、冻结和干裂。保护层常用砂、砾石、卵石或碎石等砌成，厚度不得小于冰冻和干燥深度，一般用 2～3m。斜墙及保护层的坡度取决于土坝稳定计算的结果，一般内坡不应陡于 1∶2.0，外坡常在 1∶2.5 以上。斜墙与保护层以及下游坝体之间，应根据需要分别设置过渡层。斜墙上游的过渡层可简单一些，材料合适时，可只设一层，有时甚至不设；与坝体连接的过渡层，与心墙后的过渡层相似，但为了使应力均匀并适应变形，要求还应高一些，常需设置两层，斜墙与铺盖或截水墙的连接都应可靠。

3. 沥青混凝土防渗体

沥青混凝土防渗体，具有良好的密度、热稳定性、水稳定性、防渗性和足够的强度。其渗透系数为 $10^{-10} \sim 10^{-7}$ cm/s，防渗和适应变形的能力较好，产生裂缝时，有一定的自行愈合的功能，而且施工受气候的影响小。当坝址附近缺少防渗土料时，可采用沥青混凝土防渗体，沥青混凝土既可以用作心墙，也可以用作斜墙（面板）。

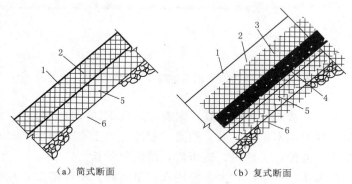

（a）简式断面   （b）复式断面

图 2.9　沥青混凝土面板
1—封闭层；2—防渗（面）层；3—排水层；4—防渗底层；5—整平胶结层；6—垫层

沥青混凝土面板防渗效果好，只要面板不出现裂缝，沥青混凝土面板几乎不漏水。面板坡度一般不陡于 1：1.7，厚 20cm 左右（包括整平胶结层、防渗层和复式断面的排水层）。沥青混凝土面板有简式和复式两种型式，一般采用简式断面，如图 2.9 所示。简式断面由封闭层、防渗层、整平胶结层和垫层组成，封闭层在最外面，2mm 厚的沥青保护层，可减缓沥青混凝土的老化，增强防渗效果；沥青混凝土防渗层厚度 6～10cm，其下为整平胶结层，厚度为 5～10cm，作用是平整、均匀传递荷载；垫层为碎石、砂砾石，厚度不小于 50cm，作用是调节坝体变形。复式断面排水层厚度为 6～10cm，排水层沿坝轴线方向每隔 20～50m 设置沥青混凝土隔水带，防渗底层厚度为 5～8cm，也可以与整平胶结层合并为一层。

沥青混凝土心墙不受气候和日照的影响，可以减少沥青的老化速度，对抗震也较有利，但心墙检修困难。沥青混凝土心墙轴线一般布置在坝轴线的上游，便于与坝体防浪墙连接，心墙可做成竖直的或倾斜的。碾压式沥青混凝土心墙底部厚度可采用坝高的 1/70～1/130，但不小于 40cm；顶部厚度不小于 40cm，对于重要的坝还要适当加厚；中、低坝，沥青混凝土心墙可采用等厚。浇筑式沥青混凝土心墙厚度不小于 20cm。两侧设置过渡层，为 1.5～3.0m 厚的碎石或砂砾石，如图 2.10 所示。

4. 土工膜和复合土工膜

土工膜是由聚合物（含沥青）制成的相对不透水膜。复合土工膜是由土工膜和土工织物（有纺或无纺）或其他高分子材料两种或两种以上的材料的复合制品，土工膜与土工织物复合时，可生产出一布一膜、二布一膜（二层织物间夹一层膜）等规格。制造土工膜的聚合物主要有聚乙烯（PE）、聚氯乙烯（PVC）。工程实践表明，土工膜的抗渗性能好，

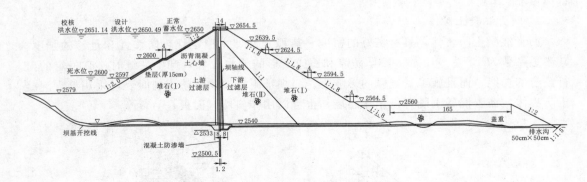

图 2.10　沥青混凝土心墙坝

比重较小，延伸性较强，适应变形能力高，耐腐蚀，抗冻性能好，同时，它们对细菌和化学作用有较好的耐侵蚀性，不怕酸、碱、盐类的侵蚀，处于水下和土中的土工膜的耐久性尤为突出。另外其施工方便，工期短，造价低，使用年限长。

　　复合土工膜作防渗体已经多年，大多应用在渠道防渗、堤防防渗，在石坝防渗也有应用，如图 2.11 所示。

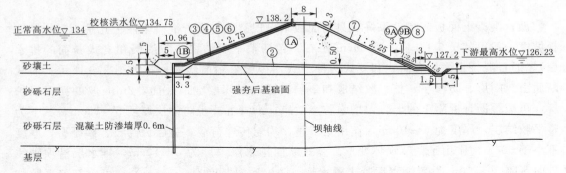

图 2.11　复合土工膜斜墙土石坝断面图（西霞院水利枢纽）

①A—坝体砂砾石；①B—砂砾石盖重；③—17cm 厚混凝土联锁块护坡；④—20cm 厚砾石保护层；
⑤—复合土工膜；⑥—15cm 厚砾石垫层；⑦—30cm 厚干砌石护坡；⑧—60cm 厚反滤料；
⑨A—40cm 厚碎石；⑨B—50cm 厚干砌石

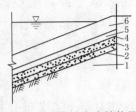

图 2.12　膜料防渗结构图
1—坝体；2—支持层；3—下垫层；4—土工膜；5—上垫层；6—护面

　　复合土工膜的厚度很薄，易遭破坏，为了有效保护和提高其在坡面上的稳定性，要求按一定的结构形式铺设。复合土工膜防渗结构自下而上包括过渡层（支持层）、下垫层、复合土工膜防渗体、上垫层和保护层（护面），如图 2.12。

　　（1）下垫层。采用透水材料、砂层、土工织物、土工网等。当基层土质为均匀平整细粒土或采用土工织物复合土工膜时，可不设下垫层。

（2）上垫层。可采用透水性良好的砂砾料，厚度应不小于 10cm ，根据具体情况也可采用砂砾石、无砂混凝土、沥青混凝土、土工织物、土工网等。在采用复合土工膜或当防护层为足够厚度的压实细粒土时，可不设上垫层。

（3）保护层（护面）。根据土工膜及上垫层的类型、边坡选择，并满足抗冻要求，可采用浆砌块石、干砌块石、预制或现浇混凝土板等，厚度一般为 20～30cm。

土工膜的厚度一般不小于 0.5mm，重要工程应适当加厚，土工膜接头有热黏、胶黏、搭接等方法，搭接宽度一般为 80～100mm。复合土工膜防渗体应与坝基、岸坡防渗设施紧密连接，以形成完整的防渗系统。工程中，一般选用两布一膜的复合土工膜，重量为 200～1500g/m²。

5. 小浪底拦河大坝的坝体防渗

小浪底拦河大坝的坝体防渗采用壤土斜心墙，斜心墙上部采用心墙型式，上游 245.0m 以上边坡 1：0.5，下游 250.0m 以上边坡 1：0.4。斜心墙下部：上游 245.0m 以下边坡 1：1.2，下游 250.0m 以下边坡 1：0.2。

学习小结

请用思维导图对知识点进行归纳总结。

学习测试

（1）小浪底水利枢纽工程的拦河大坝为堆石坝，水库能不能蓄水？（　　　）

A. 能　　　　　B. 不能

（2）小浪底水利枢纽工程的拦河大坝坝体采用（　　　）防渗。

A. 黏土心墙　　B. 黏土斜墙　　C. 黏土斜心墙　　D. 复合土工膜

（3）黏土心墙的顶部高程（　　）。

A. 心墙的顶部高出设计洪水位（或正常蓄水位）0.3m

B. 心墙的顶部高出设计洪水位（或正常蓄水位）0.6m

C. 心墙的顶部高出校核水位 0.3m

D. 心墙的顶部高程等于设计洪水位

（4）关于黏土心墙厚度，下面说法正确的是（　　）。

A. 心墙顶部水平宽度不小于 1.0m

B. 心墙顶部水平宽度不小于 3.0m

C. 底部厚度不小于作用水头的 1/5

D. 底部厚度不小于作用水头的 3.0m

（5）复合土工膜防渗结构由（　　）组成。

A. 过渡层（支持层）、复合土工膜防渗体、保护层（护面）

B. 过渡层（支持层）、复合土工膜防渗体、上垫层、保护层（护面）

C. 过渡层（支持层）、下垫层、复合土工膜防渗体、保护层（护面）

D. 过渡层（支持层）、下垫层、复合土工膜防渗体、上垫层和保护层（护面）

技能训练

因本次设计采用均质坝，整个坝体防渗，不专门设置防渗体，坝顶高程 364.9m 高于水库的校核洪水位 364.81m。如果需要设置防渗体，防渗体的结构设计可以参考土石坝断面设计实例。

任务2.4　坝体排水设计

导向问题

（1）土石坝为什么要设置坝体排水设施？

（2）小浪底大坝有没有排水设施？为什么？

（3）土石坝常见的坝体排水设施有哪些？各有什么特点？

相关知识

土石坝虽设有防渗体，但仍有一定水量渗入坝体内，如果不及时排出，导致大坝产生渗透变形，严重的会导致滑坡、甚至垮坝。设置坝体排水，可以将渗入坝体内的水有计划地排出坝外，降低浸润线和孔隙压力，改变渗流方向，防止渗流出逸处产生渗透变形，保护坝坡土不产生冻胀破坏。

坝体排水应能自由地向坝外排出渗入坝体的全部渗透水，便于监测和检修。常见的排水有贴坡排水、棱体排水、坝体内排水、综合型排水四种形式。

1. 贴坡排水

贴坡排水如图 2.13 所示，是将坝体下游坡脚附近渗水排出，保护土石坝下游边坡不受冲刷的表层排水设施。它紧贴下游坝坡的表面设置，它由 1～2 层堆石或砌石筑成，在石块与坝坡之间设置反滤层，贴坡排水顶部高程高于坝体浸润线出逸点的高度应按下列规定确定：①1 级坝、2 级坝不应大于 2.00m；②3 级坝和 4 级、5 级的中坝、高坝不应小于 1.50m；③应超过波浪沿坡面的爬高；④应满足坝体浸润线在该地区的冻深以下；⑤贴坡排水底脚应设置排水沟，材料应满足防浪护坡的要求。

贴坡排水可以防止坝坡土发生渗透破坏，保护坝坡免受下游波浪淘刷，与坝体施工干扰较小，易于检修，但不能有效地降低浸润线。要防止坝坡冻胀，需要将反滤层加厚到超过冻结深度。适用于浸润线很低和下游无水的情况，当下游有水时还应满足波浪爬高的要求。

2. 棱体排水

棱体排水如图 2.14 所示，在土石坝下游坡脚处用块石、砾石或碎石堆筑而成的棱形排水体。其顶部高程应超出下游最高水位，超出高度应大于波浪沿坡面的爬高，且对 1 级坝、2 级坝超出下游最高水位不小于 1.0m；对 3 级坝、4 级、5 级中坝、高坝超出下游最高水位不小于 0.5m，并使坝体浸润线距坝坡的距离大于冰冻深度。堆石棱体内坡一般为 1：1.25～1：1.5，外坡为 1：1.5～1：2.0 或更缓。顶宽应根据施工条件及检查观测需要确定，但不得小于 1.0m，在棱体上游坡脚处不应出现锐角，如图 2.14 所示。

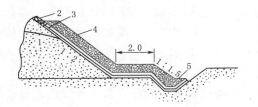

图 2.13　贴坡排水
1—浸润线；2—护坡；3—反滤层；
4—排水；5—排水沟

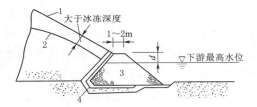

图 2.14　棱体排水
1—下游坝坡；2—浸润线；
3—棱体排水；4—反滤层

棱体排水体，可以降低坝体浸润线，防止坝坡土的渗透破坏和冻胀，在下游有水条件下可防止波浪淘刷，还可与坝基排水相结合，在坝基强度较大时，可以增加坝坡的稳定性，是均质坝常用的排水设备，但需要的块石较多，造价较高，且与坝体施工有干扰，检修较困难。

3. 坝体内排水

坝体内排水包括下列型式：

（1）坝体内竖式排水。位于土石坝坝体中部或偏下游处的竖向（或倾斜）排水设施（图 2.15）。可选择直立式排水、上倾或下倾式排水等型式；使渗入坝体的渗水通过竖式排水及早排至下游，有效地降低坝体的浸润线，并防止渗流在坝坡逸出。竖式排水是控制渗流的有效形式，不透水地基上的均质坝应优先选用竖式排水。竖式排水的顶部通到坝顶附近，底部设水平排水将渗水引出坝外。

对于下游坝壳用弱透水材料填筑的分区坝，反滤层和过渡层作为竖式排水，底部设水平排水将渗水引出坝外。当反滤层和过渡层不能满足排水要求时，可加厚过渡层或增设排水层。

（2）坝体内水平排水。可选择坝体不同高程的水平排水层，坝底部的褥垫式排水、网状排水带、排水管等型式。

水平排水是由砂、卵砾石组成，其厚度和伸入坝体内的长度应根据渗流计算确定，坝内水平排水伸进坝体的最大长度不超过坝底宽的1/2~1/3。水平排水每层最小厚度应满足反滤层最小厚度的要求。褥垫式排水（图2.16）是在土坝下游坝体与坝基之间用排水反滤料铺设的水平排水体，向下游方向设有0.005~0.010的纵坡。当下游水位低于排水设施时，降低浸润线的效果显著，还有助于坝基排水固结。但当坝基产生不均匀沉陷时，褥垫式排水易遭断裂，而且检修困难，施工时有干扰。

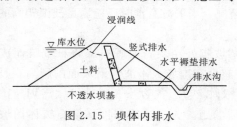

图2.15　坝体内排水

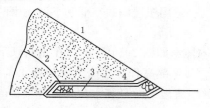

图2.16　褥垫式排水

1—护坡；2—浸润线；3—排水；4—反滤层

（3）坝体内网状排水。坝体内网状排水由平行于坝轴线的纵向排水体和垂直于坝轴线的横向排水体组成，排水体为砂砾石或堆石外包裹反滤层形成，如图2.17所示。纵向排水体收集坝体内渗水，经由横向排水体排向下游。纵向排水带的厚度和宽度及伸入坝体内的深度应根据渗流计算确定，横向排水带宽度不小于0.5m，其坡度或按不产生接触冲刷的要求确定，一般不超过1%。

当渗流量较大，增大排水带尺寸不合理时，横向排水可采用排水管，管周围应设反滤层，形成管式排水，如图2.18所示。埋入坝体的暗管可以是带孔的陶瓦管、混凝土管或钢筋混凝土管，纵向排水体收集渗水，经由横向排水管排向下游。横向排水管的间距为15~20m。管式排水的特点与水平排水相似。排水效果不如水平排水好，但用料少。一般用于土石坝岸坡段，且下游经常无水时，排水效果好。

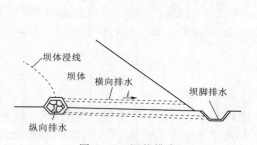

图2.17　网状排水

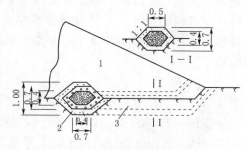

图2.18　管式排水

1—坝体；2—集水管；3—横向排水管

4. 综合型排水

为发挥各种排水型式的优点，在实际工程中常根据具体情况采用几种排水型式组合在一起的综合式排水，例如若下游高水位持续时间不长，为节省石料可考虑在下游正常高水位以上采用贴坡排水，以下采用棱体排水。还可以采用褥垫式与棱体排水组合，贴坡棱体与褥垫式排水组合等综合式排水，如图 2.19 所示。

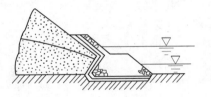
（a）　贴坡与棱体排水结合

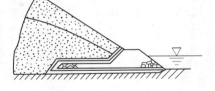
（b）　褥垫与棱体排水结合

图 2.19　综合型排水

学习小结

请用思维导图对知识点进行归纳总结。

学习测试

（1）土石坝设置坝体排水设施的目的是（　　　）。

A. 降低浸润线，防止渗流逸出处产生渗透变形

B. 降低浸润线，防止产生变形裂缝

C. 减少渗漏量，防止渗流逸出处产生渗透变形

D. 加大渗漏量，防止渗流逸出处产生渗透变形

（2）小浪底大坝坝体采用的排水设施型式是（　　　）。

A. 贴坡排水　　　　　　B. 棱体排水　　　　　　C. 综合型排水　　　　　　D. 无

（3）土石坝常见的坝体排水设施有（　　）。

A. 贴坡排水、棱体排水、坝体内排水、综合型排水

B. 贴坡排水、棱体排水、褥垫式排水、综合型排水

C. 贴坡排水、棱体排水、坝内管式排水、综合型排水

D. 贴坡排水、棱体排水、坝内竖式排水、综合型排水

技能训练

排水体型式设计。

土石坝常用的坝体排水有以下几种型式：贴坡排水、棱体排水、坝内排水、综合式排水等。排水体型式选择根据大坝对排渗水的需要、建筑材料储量、下游是否有水、坝内浸润线的位置高低等因素。

贴坡排水不能降低浸润线。多用于浸润线很低和下游无水的情况。

棱体排水能有效降低浸润线、防止坝坡冻胀和渗透变形，保护下游坝脚不受尾水淘刷，且有支撑坝体增加稳定的作用，是效果较好的一种排水型式。

坝内排水能降低浸润线、排出坝基渗水，有助于坝基排水固结。但当坝基产生不均匀沉陷时，褥垫式排水易遭断裂，而且检修困难，施工时有干扰。

经方案比选，本次设计坝体排水设备选择棱体排水。排水棱体顶宽 1.5m，内坡 1:1.5；外坡 1:2.0。顶部高程为 340.1m，高出下游最高水位 2.0m。在排水设备与坝体接触面设置反滤层。

棱体排水细部设计图如图 2.20 所示。

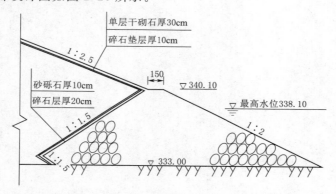

图 2.20　棱体排水设计图（单位：高程以 m 计，其他尺寸以 cm 计）

任务2.5　反滤层、过渡层设计

导向问题

（1）小浪底拦河大坝在哪些部位设置反滤层？为什么？

（2）在土质防渗体（包括心墙、斜墙、铺盖和截水墙等）与坝壳和坝基透水层之间设置过渡层，为什么？

（3）土石坝的下游渗流溢出处、渗流流入排水设施处，需要设置过渡层或反滤层？为什么？

 相关知识

　　1. 反滤层

　　反滤层一般是由 2～3 层不同粒径的非黏性土组成、反滤层各层排列与渗流的方向垂直、各层次的粒径按渗流方向逐层增加的滤水设施，如图 2.21 所示。

　　反滤层一般设置在土质防渗体（包括心墙、斜墙、铺盖和截水墙等）与坝壳和坝基透水层之间以及下游渗流溢出处、渗流流入排水设施处。下游坝壳与坝基透水层接触区、与岩基中发育的断层破碎带、裂隙密集带接触部位，也应设反滤层。其主要作用是排水滤土，提高土体的抗渗变形能力、防止

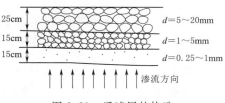

图 2.21　反滤层的构造

发生渗透变形。在防渗体下游和渗流逸出处的反滤层，当防渗体出现裂缝时，土颗粒不应被带出反滤层。防渗体上游反滤层材料的级配、层数和厚度相对于下游反滤层可简化。反滤层也可以采用土工布。

　　（1）反滤层的厚度。采用机械施工时，反滤层的最小厚度应根据施工方法确定，一般为 3.0m。土质防渗体上游、下游侧的反滤层的最小厚度不小于 1.0m。土质防渗体上游、下游侧以外的反滤层，人工施工时，水平反滤层的最小厚度为 0.3m，垂直或倾斜反滤层的最小厚度可采用 0.5m。

　　（2）反滤层材料。反滤层的材料应选择具有较高的抗压强度、良好的抗水性、抗冻性和抗风化性、具有要求的级配的砂石料，以保证反滤层滤土排水的正常工作。反滤层必须符合下列要求：①使被保护土不发生渗透变形；②渗透性大于被保护土，能通畅地排出渗透水流；③不致被细粒土淤塞失效。

　　（3）反滤层级配的设计。根据《碾压式土石坝设计规范》（SL 274—2020）中提出的设计方法进行。

　　反滤料和排水体料中粒径小于 0.075mm 的颗粒含量应不超过 5%。根据工程实际情况，反滤层的类型可按下列规定确定：

　　1）Ⅰ型反滤：反滤层位于被保护土下部，渗流方向由上向下（图 2.21），如均质坝的水平排水体和斜墙后的反滤层等。减压井、竖式排水体等的反滤层，呈垂直的型式，渗流方向水平，属过渡型，可归为Ⅰ型。

　　2）Ⅱ型反滤：反滤层位于被保护土上部，渗流方向由下向上（图 2.23），如位于坝基渗流逸出处和排水沟下边的反滤层等。

　　2. 过渡层

　　土质防渗体分区坝过渡层应根据防渗体与坝壳材料变形特性差异大小，以及反滤层厚度能否满足相邻两侧材料变形协调功能要求确定。当防渗体与坝壳料之间的反滤层总厚度满足过渡要求时，可不设过渡层。不满足过渡要求时，应增设过渡层。

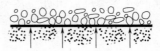

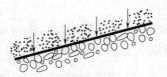
（a）反滤层面水平

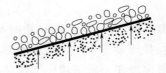
（a）反滤层面水平

（b）反滤层面倾斜

（b）反滤层面倾斜

图 2.22 Ⅰ型反滤   图 2.23 Ⅱ型反滤

土质防渗体分区坝坝壳为堆石时，过渡层应采用连续级配，最大粒径不宜超过300mm，顶部水平宽度不小于3m，等厚度或变厚度。在填筑过程中，反滤层应与相邻坝体分区同步上升，且不应有明显的颗粒分离和压碎现象。

3. 小浪底拦河大坝的反滤层与过渡层

小浪底坝体的防渗结构比较复杂，需要设置反滤层的部位比较多，如防渗体两侧、斜心墙下游覆盖层表面、下游坝壳与断层和破碎带接触面等渗流逸出处。根据被保护部位的重要程度，分别设置两层或一层反滤层；就材料分区而言，反滤层分为②A、②B和②C三种。小浪底大坝反滤层的布置如图2.24所示。

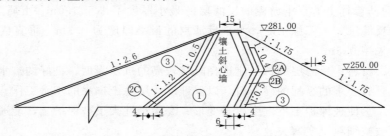

图 2.24 小浪底大坝反滤层的布置
①—壤土斜心墙；②A、②B、②C—反滤层；③—过渡层

（1）②A、②B区。心墙下游和底部（防渗墙下游部分）、F断层与下游坝壳接触面渗流逸出处，均设置②A、②B区两层反滤。②A区粒径0.1～20mm，②B区粒径5～60mm。斜心墙下游和底部反滤层，考虑与坝壳接触面附近往往会产生较大的不均匀变形。为确保大坝安全，确定倾斜的②A区水平宽度为6m，②B区为4m；底部水平反滤，②A区厚度2.0m，②B区厚度1.0m。F断层②A、②B区厚度均采用1.0m。

（2）②C区。②C区反滤层布置于斜心墙的上游侧、上游拦洪围堰斜墙下游侧以及河床部位心墙下游至坝轴线下70m范围的坝壳基础表面。

斜心墙的上游侧反滤，主要作用是在库水位骤降时，保护心墙。大量原型观测资料表明，水库水位骤降时靠近反滤层的防渗体内的渗透比降一般小于1.0，而小浪底坝由于泥沙淤积阻渗作用，坡降会更小。因此，仅设2C区一层反滤，最小水平宽度为4.0m。

河床砂砾石覆盖层含砂率一般小于30%，允许渗透比降较小，仅为0.1。渗透计算分析表明，当防渗墙存在施工缺陷时，斜心墙后渗流逸出处平均渗透坡降将达 0.19～0.31，远大于砂卵石基础的允许渗透坡降。因此，为防止砂砾石产生渗透破坏，在斜心墙下游一定范围设置 1.0m 厚反滤。

（3）过渡层。当防渗体与坝壳料之间的反滤层颗粒级配和厚度不能满足过渡要求时，需要设置过渡层。过渡层包括刚度过渡、粒径过渡两个方面。按不同过渡要求，小浪底大坝在反滤料与坝壳间、坝壳堆石与岩基或砂砾石基础之间设置了过渡层。

斜心墙或心墙上、下游侧过渡层的作用：①与反滤层共同协调坝壳堆石与斜心墙的不均匀变形；②实现②B 区与坝壳堆石之间的粒径过渡。其他部位的过渡层，主要作用是粒径过渡。

学习小结

请用思维导图对知识点进行归纳总结

学习测试

（1）小浪底拦河大坝在（　　　）设置反滤层。

A. 斜心墙两侧　　　　　　B. 棱体排水与坝体之间　　　　　　C. 贴坡排水与坝体之间

（2）在土质防渗体（包括心墙、斜墙、铺盖和截水墙等）与坝壳和坝基透水层之间设置过渡层，其目的是（　　　）。

A. 阻止渗流渗出

B. 截断渗流

C. 提高土体的抗渗变形能力、防止发生渗透变形

D. 提高土体的抗渗变形能力、防止发生沉陷变形

（3）一般情况下，土石坝在（　　　）需要设置过渡层或反滤层。

A. 坝体与排水设施之间   B. 渗流场内

C. 黏土心墙内部   D. 混凝土心墙

技能训练

反滤层一般设置在土质防渗体（包括心墙、斜墙、铺盖和截水墙等）与坝壳和坝基透水层之间以及下游渗流溢出处，渗流流入排水设施处。其主要作用是排水滤土，提高土体的抗渗变形能力、防止发生渗透变形。

段村土坝为均质坝，典型断面建造在不透水地基上，坝下游采用棱体排水，故在棱体排水与坝体之间设置反滤层。反滤层为2层，分别为0.5m厚的粗砂、0.5m厚的颗粒级配良好的砂砾石，如图2.20棱体排水设计图所示。

任务2.6　护坡及坝面排水设计

导向问题

（1）小浪底拦河大坝有没有设置护坡？

（2）土石坝的坝面为什么要设置排水系统？

（3）小浪底拦河大坝坝面有没有设置排水系统？为什么？

相关知识

为消减风浪、防止波浪淘刷、防止水流冲刷、抵抗漂浮物和冰层的撞击、防止冻胀、防止干裂、防止蚁和鼠等动物破坏、防止雨水冲刷、防止大风侵蚀等破坏，土石坝的坝坡需要设置护坡。当土石坝为土、砂、砂砾石、软岩、风化料等材料时应设专门护坡，当土石坝为堆石坝时采用堆石材料中的粗颗粒料或超径石做护坡。

1. 护坡的型式

护坡的型式、厚度及材料粒径应根据坝的等级、运用条件和当地材料等情况确定。土石坝通常采用抛石、堆石、干砌石、浆砌石、混凝土块、混凝土板、沥青混凝土、水泥土、草皮或生态护坡等一种或多种形式组合。

（1）上游护坡。上游护坡的常用下列型式：堆石（抛石）、干砌石或混凝土预制块、浆砌石、现浇混凝土或钢筋混凝土板、混凝土连锁块等护坡。上游护坡覆盖的范围，从坝顶开始（设防浪墙时应与防浪墙连接）护至坝脚。

1）堆石（抛石）护坡。堆石（抛石）护坡的厚度至少需要2～3层块石，使其在波浪作用下自动调整，不致因垫层暴露而遭到破坏。当坝壳是土、砂砾石、风化料等材料时，护坡与坝壳之间按反滤要求设置垫层，砂土垫层厚度为15～30cm以上，卵砾石或碎石垫层厚度30～60cm以上；当坝壳为堆石（抛石）时，护坡与坝壳之间不需要设置垫层。堆石（抛石）护坡的抗冲能力强、透水性好，但需要大量的块石、表面平整度差，一般用于堆石坝的水下部位。

2）干砌石护坡。干砌石护坡采用1～2层块石，如图2.25所示，单层砌石厚度一般为30cm，双层砌石厚度一般为50cm。干砌石护坡表面平整、美观、透水性好，是土石坝常用的护坡之一。当坝壳是土、砂砾石、风化料等材料时，护坡与坝壳之间按反滤要求设置垫层，砂土垫层厚度为15～30cm以上，卵砾石或碎石

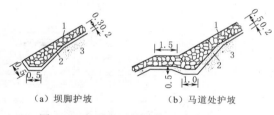

图 2.25　干砌石护坡构造（单位：m）
1—干砌石；2—垫层；3—坝体

垫层厚度30～60cm以上。干砌石护坡在马道、坝脚或护坡末端均应设置基座，以保证护坡的稳定。

3）浆砌石护坡。浆砌石护坡采用1～2层块石，能承受较大的风浪，也有较好的抗冰层推力的性能，但水泥用量大，造价比干砌石高。浆砌石护坡透水性差，需要设置排水孔，并设置足够厚度的砂垫层，防止库水位骤降时，坝体内渗水倒流，因渗透压力造成浆砌石护坡破坏。浆砌石护坡在马道、坝脚或护坡末端均应设置基座，以保证护坡的稳定。

浆（干）砌石护坡所用的石料，应有较高的抗压强度，良好的抗水性、抗冻性和抗风化性，能满足工程运用条件要求的硬岩石料。块石的形状要尽可能做成正方形，最大边长与最小边长之比不应大于1.5，以避免挠曲折断，保证工程质量。

4）混凝土板（块）护坡。混凝土板（块）护坡为现浇或预制混凝土板均可，如图2.26所示，方形板，尺寸为1.5m×2.5m、2m×2m、3m×3m，厚度0.15～0.50m。为防止库水位骤降时，坝体内渗水倒流，因渗透压力造成混凝土板护坡破坏，混凝土板护坡上设置排水管，其下设置反滤层。一般适用于筑坝区域缺乏石料时采用此护坡。当混凝土板尺寸不大、不设排水孔时，将混凝土板（块）之间的缝宽加大，缝内设置无砂混凝土排水，其下设置反滤层或土工布。

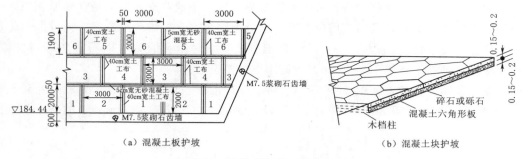

图 2.26　混凝土护坡（单位：m）

5）混凝土联锁块护坡。混凝土联锁块护坡（图2.27）是块与块之间相互联锁、铰接而成的护坡。其抗冲刷能力强、适应变形能力高、透水性好、施工方便，空隙可植草，改善生态环境，并且具有一定的消浪能力，越来越被广泛应用。

（2）下游护坡。下游护坡主要是为防止雨水冲刷、大风侵蚀和人为毁坏，水上、水下可采用不同的护坡厚度和形式，护坡不能影响渗水自由排出坝体。下游护坡范围为下游坝坡，一般应由坝顶护至排水棱体或贴坡排水，无排水棱体或贴坡排水时应护至坝脚。

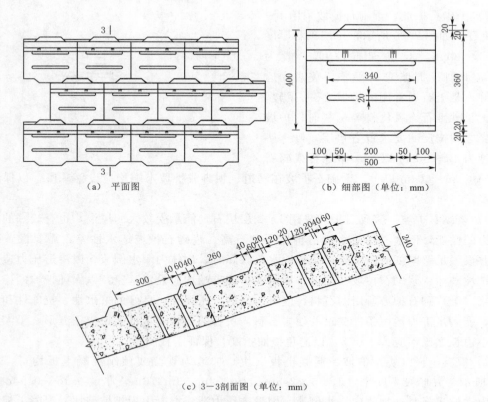

（a）平面图　　　　　　　　　　　　（b）细部图（单位：mm）

（c）3—3剖面图（单位：mm）

图 2.27　土石坝上游混凝土联锁块护坡

　　下游护坡的型式有干砌石、卵砾石或碎石、混凝土或浆砌石框格内填石或植草、草皮或生态护坡。

　　草皮护坡可以人工种草护坡、液压喷播植草护坡、平铺草皮护坡，是气候温和地区的均质坝常见的护坡形式，我国应用较普遍，结合坡面排水，护坡效果良好，而且可美化环境。则应在草皮下铺一层厚 0.2～0.3m 的腐殖土，护坡效果良好。碎石或卵砾石护坡，一般直接铺在坝坡上，厚 10～15cm。下游坝面需要全部护砌。

　　混凝土联锁块护坡，如图 2.28 所示。河南汝阳前坪水库拦河大坝下游采用混凝土联锁块护坡，尺寸为 400mm × 400mm、厚 120mm，其下设置 400mm 厚的碎石垫层、

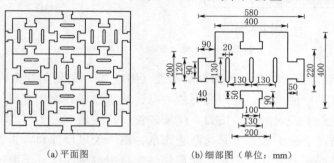

（a）平面图　　　　　　（b）细部图（单位：mm）

图 2.28　混凝土联锁块（400mm×400mm×120mm）护坡

250g/土工布、100mm厚的碎石垫层。具体如图2.29所示。

近年来，网格护坡（图2.30）、生态混凝土等生态护坡，因其具有一定的抗冲能力，又能恢复生态、保护环境，也被广泛应用在土石坝中。

（3）小浪底大坝护坡。小浪底大坝护坡采用堆石护坡，上游护坡由于抵抗波浪的冲刷，厚2.0m，50%以上的块石粒径大于700mm；下游护坡比上游护坡的要求稍低一些，厚1.0m，50%以上的块石粒径大于500mm，并要求块石具有较高的抗风化能力。

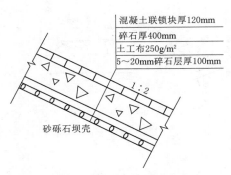

图2.29　混凝土联锁块护坡

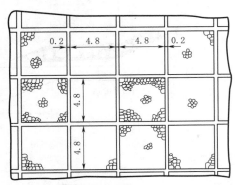

图2.30　混凝土网格护坡（单位：m）

2. 坝面排水

坝面排水包括坝顶、坝坡、坝肩及坝下游岸坡等部位的集水、截水和排水措施。除干砌石或堆石、抛石护坡外，均应设坝面排水。

岸坡排水。在坝坡与岸坡连接处应设排水沟或挡水设施，岸坡排水应与坝体坝基排水形成相对独立的排水体系，保证岸坡开挖顶面以外的地面径流不应排入坝面。

坝坡排水。土石坝的下游坝坡，常设置纵、竖向连通的排水沟（图2.31、图2.32）。坝面上的纵向排水沟沿马道内侧布置，用浆砌石或现浇混凝土建成，断面为矩形或梯形。若坝较

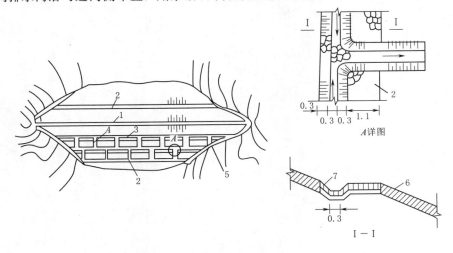

图2.31　坝坡排水（单位：m）

1—坝顶；2—马道；3—纵向排水沟；4—横向排水沟；
5—岸坡排水沟；6—下游护坡；7—浆砌石排水沟

短，纵向排水沟拦截的雨水可引至两岸的排水沟排至下游。若坝较长，则应沿坝轴线方向每隔50～100m设一竖向排水沟，以便排除雨水。排水沟的横断面矩形或梯形，一般深0.2m、宽0.3m。岸坡排水沟尺寸略大一些，沟深0.5m、底宽0.5m。坝坡排水沟如图2.32所示。

上游坝坡一般不需要设置排水沟。

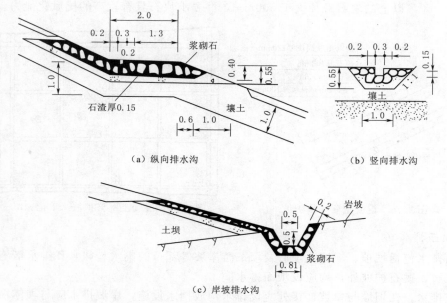

图2.32　坝坡排水沟（单位：m）

学习小结

请用思维导图对知识点进行归纳总结

📖 **学习测试**

（1）小浪底拦河大坝上游采用（　　）护坡。

A. 干砌石　　　　　B. 浆砌石　　　　　C. 抛石　　　　　D. 混凝土块

（2）小浪底拦河大坝下游采用（　　）护坡。

A. 干砌石　　　　　B. 浆砌石　　　　　C. 抛石　　　　　D. 混凝土块

（3）土石坝的坝坡设置排水系统目的是（　　）

A. 迅速排除坝内渗水　　　　　　　B. 排除坝面雨水

（4）小浪底拦河大坝坝面有没有设置排水系统？（　　）

A. 有　　　　　　　　　　　　　B. 无

（5）土石坝的坝坡雨水通过（　　）排出坝体以外。

A. 贴坡排水　　　　B. 棱体排水　　　　C. 坝内排水　　　　D. 纵、横向排水沟

🔧 **技能训练**

段村土坝为均质坝，本次设计上游坝坡全部设置混凝土联锁块护坡，混凝土联锁块尺寸为 400mm×400mm、厚 120mm。下游采用面全部设置单层干砌石护坡，护坡下部与棱体排水相接，护坡厚 300mm，在马道处设置基座，如图 2.33 所示。

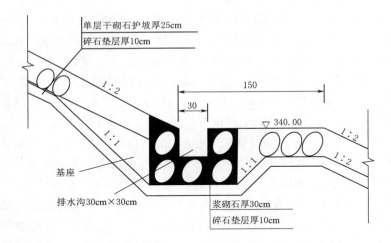

图 2.33　下游护坡详图（单位：高程以 m 计，其他尺寸以 cm 计）

为了排出雨水，段村土坝下游坝坡设置纵、竖向排水沟，与两岸连接处设置岸坡排水沟。其中，纵向排水沟布置在马道内侧，尺寸为 300mm×300mm，浆砌石结构，内部及顶部用 M10 的水泥砂浆抹面；竖向排水沟沿坝轴线每隔 100m 设置一条，并与坝顶排水衔接，尺寸为 300mm×300mm，浆砌石结构，内部及顶部用 M10 的水泥砂浆抹面；岸坡排水沟尺寸为 400mm×400mm，浆砌石结构，内部及顶部用 M10 的水泥砂浆抹面。

任务 2.7　大坝典型断面设计实例

1. 前坪水库拦河大坝

位于淮河流域沙颍河支流北汝河上游前坪水库，以防洪为主，结合灌溉、供水，兼顾发电的大（2）型水库，是国务院批准的 172 项重大节水工程之一。水库总库容为 5.84 亿 m³，正常蓄水位 403.00m，汛限水位 400.5m，设计洪水位 418.36m，校核洪水位 422.441m。

主坝采用黏土心墙砂砾（卵）石坝，如图 2.34 所示，坝长 818m，最大坝高 90.3m，坝顶高程 423.50m；副坝采用混凝土重力坝，坝长 165m，最大坝高 11.6m。

主坝坝顶高程 423.50m，坝顶设高 1.2m 钢筋混凝土防浪墙，防浪墙顶高程 424.70m，坝顶宽度 10.0m，坝顶面设置沥青混凝土护面 100mm，下设 200mm 厚的水泥稳定碎石、200mm 厚的水泥碎石垫层。

坝坡。上游边坡坡度从上至下分别为 1∶2、1∶2.25、1∶2.5，在 404.0m、384.0m、364.0m 处各设置 2m 宽的马道。施工结束后，上游施工围堰作为主坝坝体的一部分（围堰顶部高程 374.4m，顶部宽度 10m），上游戗堤截流施工完成后，在 353.0m 填筑顶宽 20m 平台与上游施工围堰结合。下游坝坡从上至下均为 1∶2.0，在 404.0m、384.0m、364.0m、353.0m 处各设置 2m 宽的马道。

护坡。上游坝面 364.0m 高程以上采用 C20 混凝土联锁块砌块护砌，护砌厚度为 0.24m，其下设 2 层 150mm 厚的碎石垫层，起反滤层作用。上游坝面 364.0m 高程以下采用喷 C25 混凝土衬砌，衬砌厚度为 0.2m，其下设复合土工膜、150mm 厚的砂砾石垫层，起反滤层作用。下游坝坡 350.0m 高程以上采用预制混凝土联锁块生态护坡，厚 120mm 其下设置碎石保护层 400mm、土工布、砂砾石找平层 100mm。350.0m 高程以下（水位变动区）采用 300mm 厚的干砌块石护坡。

坝体防渗体与反滤层。黏土心墙顶宽 4.0m，顶部高程 422.70m，与坝顶护面之间设置 300mm 的粗砂垫层。心墙两侧坡度均为 1∶0.3，与坝壳之间填筑反滤料。心墙的上游侧与坝壳之间填筑两层反滤料，分别为粗砂反滤料厚 2.0m、小于 50mm 级配反滤料 2.0m；心墙的下游侧与坝壳砂砾石料之间填筑两层反滤料，分别为粗砂反滤料厚 2.0m、小于 50mm 反滤料 3.0m。心墙底部与砂卵石地基接触处，为防止发生接触冲刷，设置反滤层，在混凝土防渗墙上游侧反滤层为 500mm 厚的粗砂和 500mm 厚的砂砾石，在混凝土防渗墙下游侧反滤层为 1000mm 厚的粗砂和 1000mm 厚的砂砾石。

坝体排水体与反滤层。利用开挖的石料，采用坝内水平排水，可以收集心墙下游侧反滤层排出的渗水，通过坝内水平排水排出坝体以外，可以有效降低坝体内的浸润线。水平排水体与坝壳、砂砾石地基接触处设置均反滤层。

坝基覆盖层以卵砾石层为主，厚度 12.5～26.2m，最大厚度 28m，下伏岩体为安山玢岩，弱风化。覆盖层采用混凝土防渗墙，透水岩体采用帷幕灌浆处理。混凝土防渗墙厚度 1m、采用 C25 W8 钢筋混凝土。防渗墙布置于黏土心墙轴线上游 5m 处，全长 665.0m，墙深 11～29m。防渗墙向上插入防渗体内长度为 7m。向下穿过砂砾石层深入安

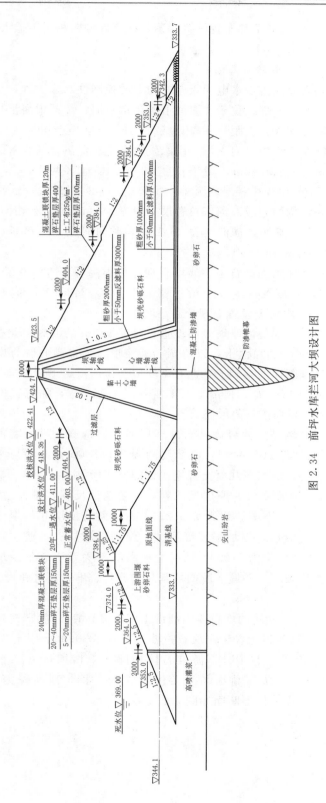

图 2.34　前坪水库拦河大坝设计图

山玢岩内不小于1m。防渗墙下部布置帷幕灌浆，帷幕底伸入相对不透水层5m。布置1排帷幕灌浆孔，孔距1.5m。

2. 双江口水电站特高心墙堆石坝

双江口水电站是大渡河流域水电梯级开发的上游控制性水库工程，是大渡河流域梯级电站开发的关键项目之一。坝址位于大渡河上源足木足河、绰斯甲河汇口处以下2km处，地处马尔康、金川两县交界，上距马尔康县城约44km，下距金川县城约48km。

双江口水电站枢纽工程由拦河大坝、引水发电系统、泄洪建筑物等组成。拦河坝为砾石土心墙堆石坝，最大坝高312m，坝顶长度699m。坝址区两岸山体雄厚，河谷深切，谷坡陡峻，除右岸F1断层规模相对较大外，主要由一系列低序次、低级别的小断层、挤压破碎带和节理裂隙结构面组成。河床覆盖层一般厚48～57m，最大厚度达76m。

坝基设2m厚混凝土基座，横向河宽46.10m，顺向河宽128.00m，基座内设置基岩帷幕灌浆廊道（3.0m×3.5m）。

双江口水电站拦河大坝为砾石土心墙堆石坝，坝顶高程2510.00m，河床部位心墙底高程2198.00m。坝顶宽度为16m，上游坝坡为1:2.0，2430.00m高程处设5m宽的马道；下游坝坡1:1.90，坝坡上设置上坝公路。

大坝与两岸坝肩接触部位的岸坡表面设垂直厚度0.5m的混凝土盖板，心墙与盖板连接处铺设水平厚度3.00m的黏性土，以协调心墙变形。为提高心墙与岸坡接触部位的渗透稳定性，在心墙标准断面的基础上，左右岸坝肩部位向上、下游方向局部加宽，左右坝肩底部上、下游各增加12m宽，顶部上、下游各增加2m宽，加宽宽度沿高度方向从底部至心墙顶2508.00m高程按三角形递减。

心墙防渗料采用天然黏土掺合砂砾石处理后形成的砾石土，心墙顶高程2508.00m，顶宽4.00m，上、下游坡均为1:0.2，心墙底高程2198.00m，心墙与两岸坝肩接触部位的岸坡表面设混凝土板，心墙与混凝土板连接处铺设接触黏土，河床段帷幕灌浆最大深度96m。心墙上、下游分别设Ⅰ、Ⅱ两层反滤料，上游两层反滤水平厚度各4m，下游两层反滤水平厚度各6m，上、下游坡均为1:0.2。上、下游反滤层Ⅱ与坝体堆石之间粒径相差较大，在其间设置过渡层，以加强变形协调，保护反滤层。过渡层顶高程2504.00m，顶宽10.00m，上、下游坡均为1:0.3。为防止帷幕局部失效引起下游坝基漂卵砾石和含泥沙卵砾石层发生渗透破坏，心墙下游的坝基与过渡料、堆石料之间设置一层2m厚的下游反滤排水层。

在2460.00～2504.00m间的堆石体内铺设土工格栅，在上游坝坡2410.00m（死水位2420.00m以下10m）高程以上设干砌块石护坡，下游2330.00m以上坝坡设大块石护坡。为提高大坝的抗震稳定性，在上、下游堆石体坝脚之上增加压重。下游压重区顶高程2330.00m，顶宽90m。上游压重区与上游围堰连为一体，顶高程为2330.00m，顶宽190m，坡度为1:2.2。坝体典型断面如图2.2（b）所示。

项目3　土石坝地基处理

案例

小浪底水利枢纽工程拦河大坝为壤土斜心墙堆石坝，最大坝高154m，坝顶宽15m，最大坝底宽度864m，坝体总填筑量5185万 m³。枢纽主体工程开挖量3625万 m³，其中大坝基础开挖量770万 m³（不分类料开挖650万 m³，岩石开挖120万 m³）。

小浪底工程右岸有4条走向近东西、与河流方向基本一致的断层，即F_1、F_{28}、F_{236}、F_{238}，这4条断层将右岸山体切为三大块，其中F_1断层断距约200m，破碎带宽2～30m；左岸砂岩夹薄层页岩的山体，因受上游风雨沟、下游翁沟、葱沟和西沟的割切，形成长2.5km、宽厚不一的山梁。

小浪底主坝河床段地基条件比较复杂，砂卵石覆盖层最深达70余米。坝址出露地层有二叠系上统黏土岩和砂岩，三叠系下统砂岩及粉砂岩，第四系黄土及砂砾石层。砂岩节理发育。黏土岩呈块状，干燥条件下有较高强度，层理不明显，但遇水膨胀、崩解，强度明显降低。施工开挖暴露于地表，在大气引力作用下表层易风化破碎。

地基处理的方法有清基、深覆盖层的混凝土防渗墙防渗处理、大坝心墙岩石地基固结灌浆处理。

1. 深覆盖层防渗墙的施工

砂卵石覆盖层最深处70多米，根据多方论证并考虑了施工的可能性，河床段采用混凝土防渗墙。防渗墙全长约440m，墙厚1.2m，墙底嵌入基岩不少于1m，墙顶插入心墙土体高度14m。为缩短大坝施工工期，减轻截流后的施工强度，防渗墙分两期施工，截流前完成右岸滩地及河床深槽部位的混凝土防渗墙。第一期防渗墙工程完工后，进行了钻孔检查和CT检测，认为施工质量符合技术规范，墙体连续性和整体性满足有关技术条款的要求。

大坝心墙基础岩石破碎，裂隙十分发育，根据设计要求，全部岩石基础均进行固结灌浆处理。由于在灌浆过程中串、冒浆严重，影响灌浆质量，因此，由原来的非压重灌浆改为普遍浇筑50cm厚混凝土盖板后进行。灌浆孔呈梅花形布置，孔排距均为3m，基岩孔深5m。

除河床深槽部位采用防渗墙外，两岸坝肩和山体均设置了灌浆帷幕。左岸山坡和右岸滩地断层影响带采用3排防渗帷幕，两岸山体，设1排帷幕，孔、排距均为2m。帷幕灌浆总进尺约140km。

坝址区基本地震烈度为7度。

❓ 导向问题

（1）大坝坝体如何防渗？

（2）大坝建在70m厚的砂卵石上，水库蓄水后，坝基会不会漏水？坝基怎么防渗？

任务书

土石坝的地基处理任务书

模 块 名 称		土石坝地基处理		参考课时/天
学习型工作任务		砂砾石地基处理		0.5
		岩石地基处理		0.25
		特殊性土地基处理		0.25
项目目标		让学生学会合理选择土石坝不同基地的处理方法		
教学内容		（1）砂卵石地基处理。 （2）岩石地基处理。 （3）特殊性土地基处理		
教学目标	素质	（1）激发学习兴趣，培养创新意识。 （2）树立追求卓越、精益求精的岗位责任，培养工匠精神。 （3）传承大禹精神、红旗渠精神、抗洪精神、愚公移山精神，增强职业荣誉感		
	知识	（1）地基处理目的。 （2）砂卵石地基处理方法。	（3）其他地基处理方法	
	技能	（1）理解地基处理目的。 （2）掌握砂卵石地基处理方法。	（3）了解其他地基处理方法。 （4）能够正确使用设计规范	
项目成果		土石坝设计说明书		
技术规范		《碾压式土石坝设计规范》（SL 274—2020）		

土石坝对地基的要求虽然比混凝土坝低，可不必挖除地表面透水土壤和砂砾石等，但地基的性质对土石坝的构造和尺寸仍有很大影响。据国外资料统计，土石坝失事约有40%是由于地基问题引起的，可见地基处理的重要性。土石坝地基处理的任务是：①控制渗流，使地基以至坝身不产生渗透变形，并把渗流流量控制在允许的范围内；②保证地基稳定，不发生滑动；③控制沉降与不均匀沉降，竣工后的坝顶沉降量不宜大于坝高的1%，以限制坝体裂缝的发生；④在保证安全运行的条件下节省投资。

土石坝地基处理应力求做到技术上可靠，经济上合理。筑坝前要完全清除表面的腐殖土，以及可能发生集中渗流和可能发生滑动的表层土石，例如较薄的细砂层、稀泥、草皮、树根以及乱石和松动的岩块等，清除深度一般为0.3～1.0m，然后再根据不同地基情况采取不同的处理措施。

任务3.1　砂砾石地基处理

砂砾石地基一般强度较大，压缩变形也较小，因而对建筑在砂砾石地基上土石坝的地基处理主要是解决渗流问题。处理的目的是减少坝基的渗透量并保证坝基和坝体的抗渗稳定。处理的原则是"上防下排","上防"是指采用垂直防渗处理和水平防渗处理。垂直防渗处理为挖除覆盖层，防渗体直接建在基岩上或采用混凝土防渗墙或混凝土防渗墙下的砂砾石灌浆帷幕；水平防渗处理有防渗铺盖、天然土层和水库淤积铺盖、土工膜铺盖等；"下排"是指下游的排水减压措施，有水平排水垫层、反滤排水沟、排水减压井、排水盖重，所有这些措施既可以单独使用，也可以联合使用。

砂砾石地基控制渗流的措施，主要应根据地基情况、工程运用要求和施工条件选定。垂直防渗措施能够截断地基渗流，可靠而有效地解决地基渗流问题，在技术条件可能而又经济合理时应优先采用。

坝基的垂直防渗措施，在最短渗径下应满足渗透稳定和抵抗水力劈裂等要求，设置位置应根据大坝防渗体形式、垂直防渗措施结构等确定。土质防渗体分区坝可设于防渗体底部中间位置，均质坝可设于距上游坝脚 1/3～1/2 坝底宽度处。

垂直防渗形式可参照以下原则选用：

（1）当砂砾石层深度小于 15m 时，宜采用挖除防渗体和反滤层基面范围内的砂砾石覆盖层，将坝体的防渗体直接建在基岩上，如图 2.2（b）、（d）所示。

（2）当砂砾石层深度小于 100m 时，宜采用混凝土防渗墙（图 3.1），可根据坝高、渗流损失、防渗对地下水环境影响及地基渗流安全性评价，采用嵌入基岩或悬挂式防渗墙。

（3）当砂砾石层深度大于等于 100m 时，经技术论证和经济比较，可采用下嵌入基岩的混凝土防渗墙、悬挂式混凝土防渗墙、悬挂式混凝土防渗墙和其底部以下采用灌浆帷幕的组合形式，或悬挂式混凝土防渗墙与水平防渗措施的组合形式等防渗措施。根据砂砾石层性质和厚度，不同坝段可采用不同防渗处理措施，不同处理措施的连接或搭接应满足结构和渗透稳定要求。

1. 混凝土防渗墙

用钻机或其他设备在土层中造成圆孔或槽孔，在孔中浇混凝土，最后连成一片，成为整体的混凝土防渗墙，适用于地基渗水层较厚的情况。

防渗墙厚度根据防渗和强度要求确定。按施工条件可在 0.6～1.3m 之间选用（一般为 0.8m），因受钻孔机具的限制，墙厚不能超过 1.3m，如不能满足设计要求则应采用两道墙，此时厚度也不宜小于 0.6m，因厚度减小时钻孔数量随之增大，减少的混凝土量已不能抵偿钻孔量增大的代价。混凝土防渗墙的允许坡降一般为 80～100，混凝土强度等级不低于 C15，抗渗等级 W6～W8，坍落度 8～20cm，水泥用量为 300kg/m³ 左右。墙底应嵌入半风化岩内 0.5～1.0m，顶端插入防渗体，插入深度应为坝前水头的 1/10，且不得小于 2m。

修建混凝土防渗墙需要一定的机械设备，但并无特殊要求，关键是在施工过程中要保持钻孔稳定，不致坍塌，常采用膨润土或优质黏土制成的泥浆进行固壁，这种泥浆还可以起到悬浮和携带岩屑以及冷却和润滑钻头的作用。

从 20 世纪 60 年代起，混凝土防渗墙得到了广泛的应用。我国已建混凝土防渗墙 60 余座，积累了不少施工经验，并发展了反循环回转新型冲击钻机、液压抓斗挖槽等技术，在砂卵石层中纯钻工效（70m 以内）平均达到 0.85m/h，进入国际先进行列。黄河小浪底工程，采用深度 70m 的双排防渗墙，单排墙厚 1.2m，如图 3.1 所示。

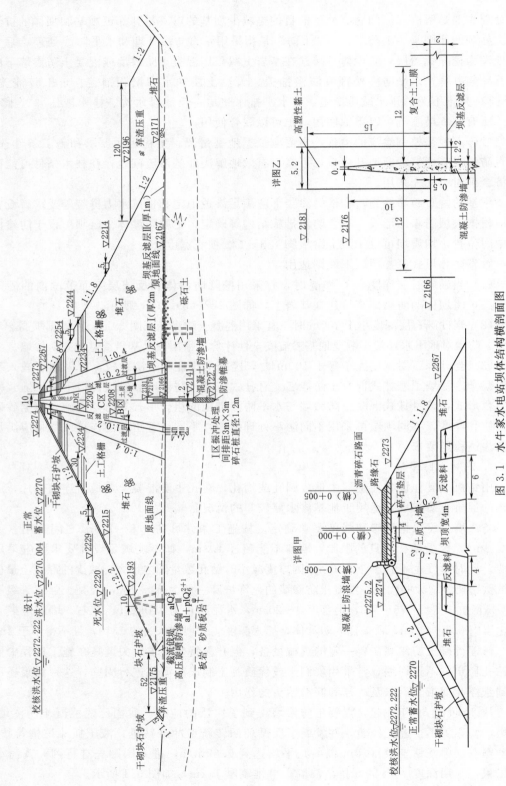

图 3.1 水牛家水电站坝体结构横剖面图

如图 3.1 所示，水牛家水电站的拦河大坝为碎石土心墙坝，最大坝高为 108m，坝顶宽度 10m。心墙顶部厚度 4m，底部厚 46.8m。心墙下部河床覆盖层采用 1.2m 厚的混凝土防渗墙防渗，防渗墙底部嵌入基岩 1m，顶部插入心墙 10m。防渗墙顶接头外侧周边高塑性黏土区宽 5.2m，高 15m。

2. 灌浆帷幕

灌浆帷幕的施工方法是：先用旋转式钻机造孔，同时用泥浆固壁，钻完孔后在孔中注入填料，插入带孔的钢管，待填料凝固后，在带孔的钢管中置入双塞灌浆器，用一定压力将水泥浆或水泥黏土浆压入透水层的孔隙中。压浆可自下而上分段进行，分段可根据透水层性质采用 0.33～0.50m 不等。待浆液凝固后，就形成了防渗帷幕。

灌浆帷幕的厚度 T，根据帷幕最大作用水头 H 和允许水力坡降 $[J]$ 计算得到，一般 $[J]=3～4$。

灌浆帷幕厚度较大，因此需几排钻孔，孔距和排距由现场试验确定，通常为 3～5m，边排孔稍密，中排孔稍稀。灌浆时，先灌边排孔，后灌中排孔，浆液由稀到浓，灌浆压力自下而上逐渐减小，由 2500～4000kPa。减小到 200～500kPa。灌浆帷幕伸入砂卵石层下的不透水层内至少 1.0m。灌浆后将表层胶结不好的砂卵石挖除，做混凝土防渗墙。

我国在密云水库白河主坝，上马岭和毛家村土石坝的砂砾石地基中采用了水泥黏土灌浆帷幕，灌浆深度达 40m；法国谢尔蓬松坝（图 3.2）高 129m，砂砾石冲积层地基，1957 年建成灌浆帷幕，深约 110m，顶部厚度 35m，底部厚度 15m，钻孔 19 排，中间四排直达基岩，边孔深度逐渐变浅，渗透坡降 3.5～8。目前，在砂砾石层中最深的水泥黏土灌浆帷幕已经达 170m。

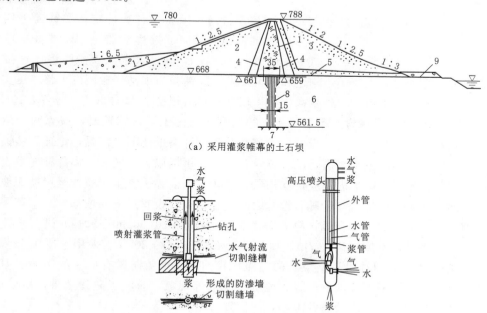

（a）采用灌浆帷幕的土石坝

（b）高压喷射灌浆原理示意图

图 3.2　灌浆帷幕和高压喷射灌浆原理（单位：m）

1—心墙；2—上游坝壳；3—下游坝壳；4—过滤层；5—排水；6—砂砾石坝基；7—基岩；8—灌浆帷幕；9—盖重

灌浆帷幕的优点是灌浆深度大，当覆盖层内有大孤石时，可不受限制。这种方法的主要问题是对地基的适应性较差，有的地基如粉砂、细砂地基，不易灌进，而透水性太大的地基又往往耗浆量太大。因此使用灌浆帷幕时，应进行专门的勘测，对其可灌性及预期效果、灌浆孔深度和孔排距布置、灌浆方法和工艺，应进行论证。在灌浆前，应进行灌浆试验验证。20 世纪 80 年代后，我国发展了高压定向喷射灌浆技术，其原理是将 30～50MPa 的高压水和 0.7～0.8MPa 的压缩空气输到喷嘴，喷嘴直径 2～3mm，造成流速为 100～200m/s 的射流，切割地层形成缝槽，同时由 1.0MPa 左右的压力把水泥浆由另一钢管输送到另一喷嘴以充填上述缝槽并渗入缝壁砂砾石地层中，凝结后形成防渗板墙。施工时，在事先形成的泥浆护壁钻孔中，将高压喷头自下而上逐渐提升即可形成全孔高的防渗板墙。这种喷射板墙的渗透系数为 $10^{-5}\sim10^{-6}$cm/s，抗压强度为 6.0～20.0MPa，容许渗透坡降突破规范限制，达到 80～100，施工效率高，有一定发展前途。

　　3. 防渗铺盖

　　这是一种由黏性土做成的水平防渗设施，是斜墙、心墙或均质坝体向上游延伸的部分。当采用垂直防渗有困难或不经济时，可考虑采用防渗铺盖。防渗铺盖构造简单，造价一般不高，但它不能完全截断渗流，只是通过延长渗径的办法，降低渗透坡降，减小渗透流量，所以对解决渗流控制问题有一定的局限性，其布置型式如图 3.3 所示。

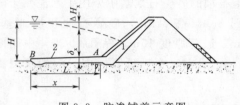

图 3.3　防渗铺盖示意图

1—斜墙；2—铺盖

　　铺盖常用黏土或砂质黏土材料，尺寸及相关要求应符合下列规定：①长度和厚度应根据水头、透水层厚度以及铺盖材料和坝基土的渗透系数通过试验或计算确定；②铺盖采用土料时应由上游向下游逐渐加厚，前端最小厚度可取于 0.5～1.0m，末端与坝身防渗体连接处厚度应由渗流计算确定，且应满足构造和施工要求；③铺盖与坝基接触面应平整、压实，并宜设反滤层；④铺盖土料的渗透系数应小于坝基砂砾石层的 1/100，并应小于 1×10^{-5}cm/s，应在等于或略高于最优含水率下压实；⑤当利用天然土层作铺盖时，应查明天然土层及下卧砂砾石层的分布、厚度、级配、渗透系数和允许渗透比降等情况，论证天然铺盖的渗透性，并核算层间关系是否满足反滤要求，必要时可辅以人工压实、局部补充填土、利用水库淤积等措施；⑥铺盖表面应设保护层，以防蓄水前黏土发生干裂及运用期间波浪作用和水流冲刷的破坏，铺盖与砂砾石地基之间应根据需要设置反滤层或垫层；⑦若采用土工膜做铺盖，并应按《土工合成材料应用技术规范》（GB/T 50290—2014）进行设计。

　　巴基斯坦塔贝拉土坝坝高 147m，坝基砂砾石层厚度约 200m，采用了厚 1.5～10m，长 2307m 的铺盖，是目前世界上最长的铺盖。我国采用铺盖防渗有成功的实例，但在运用中也确有一些发生程度不同的裂缝、塌坑、漏水等现象，影响了防渗效果，所以对高、中坝、复杂地层和防渗要求较高的工程，应慎重选用。

　　4. 排水减压措施

　　在强透水地基中采用铺盖防渗时，由于铺盖不能截断渗流，使渗水量和坝址处的逸出坡降较大，特别当坝基表层为相对不透水层时，坝趾处不透水层的下面可能有水头较大的承压水，致使坝基发生渗透变形，或造成下游地区的沼泽化；既使表层并非不透水层，冲积土的坝基也往往具有水平方向渗透系数大于垂直方向的特点，致使坝趾处仍保持有较大的压力水头，也可能发生管涌或流土。针对以上这些情况，有时需在坝下游设置穿过相对不透水层并深入透水层一定深度的排水减压装置，以导出渗水，降低渗透压力。确保土石坝及其下游地区的安全。

坝基排水措施应根据坝基地质情况，并结合坝体排水按下列情况选用：①透水性均匀的单层结构坝基以及上层渗透系数大于下层的双层结构坝基，可采用水平排水垫层，也可在坝脚处结合贴坡排水体做反滤排水沟；②双层结构透水坝基，当表层为不太厚的弱透水层，且其下的透水层较浅，渗透性较均匀时，宜将坝底表层挖穿做反滤排水暗沟，并与坝底的水平排水垫层相连，将水导出，也可在下游坝脚处做反滤排水沟；③对于表层弱透水层太厚，或透水层成层性较显著时，宜采用减压井深入强透水层。

（1）排水沟。在坝趾稍下游平行坝轴线设置，沟底深入到透水的砂砾石层内，沟顶略高于地面，以防止周围表土的冲淤。按其构造，可分为暗沟和明沟两种。坝基反滤排水暗沟的位置宜设在距离下游坝脚 1/4 坝底宽度以内，坝外的反滤排水沟及排水减压井应设在靠近坝脚处，图 3.4 为排水暗沟，实际上也是坝身排水的组成部分；坝外反滤排水沟宜采用明式，并与排地面水排水沟分开，避免冲刷和泥沙淤塞，如图 3.5 为排水明沟。两者都应沿渗流方向按反滤层布置，明沟沟底应有一定的纵坡与下游的河道连接。

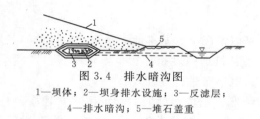

图 3.4　排水暗沟图

1—坝体；2—坝身排水设施；3—反滤层；
4—排水暗沟；5—堆石盖重

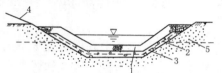

图 3.5　排水明沟

1—块石或大卵石；2—碎石；3—砂砾石；
4—坝坡；5—相对不透水层

（2）排水减压井。为降低土石坝下游覆盖层的渗透压力而设置的一系列井式减压排渗设施。排水减压井常用于不透水层较厚的情况，将深层承压水导出水面，然后从排水沟中排出，其构造如图 3.6 所示。在钻孔中插入带有孔眼的井管，周围包以反滤料。

排水减压井设计应确定井径、井距、井深、出口水位，并计算渗流量及井间渗透水压力，使其小于允许值，同时应符合下列要求：①出口高程应尽量低，但不应低于排水沟底面；②井筒可采用开孔花管或无砂混凝土管，井内径宜大于 150mm；③花管开孔率宜为 10% ～ 20%；④减压井外围应设置反滤层，反滤层可采用砂砾料或土工织物，或同时采用砂砾料和土工织物。

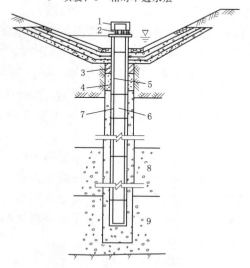

图 3.6　排水减压井构造图

1—井帽；2—钢丝出水口；3—回填混凝土；
4—回填砂；5—上升管；6—穿孔管；
7—反滤料；8—砂砾石；9—砂卵石

（3）排水盖重。为了保证坝址处上层弱透水层的稳定，下游坝脚渗流逸出处，当地表相对不透水层不足以抵抗剩余水头时，可设置排水盖重层，以平衡弱透水层下的扬压力。排水盖重层的延伸长度和厚度由计算或试验确定。太平湖土坝减压井与排水盖重如图 3.7 所示。

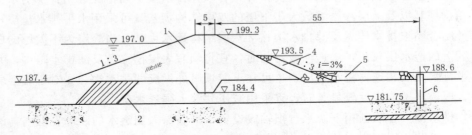

图 3.7　太平湖土坝减压井与排水盖重（单位：m）

1—粉质黏土；2—重粉质壤土；3—砂砾石层；4—碎石培厚；
5—排水盖重；6—减压井；7—软弱夹层

任务3.2　岩石坝基处理

由于土石坝对地基承载力的要求不高，一般情况下岩基都能满足要求，因此岩基处理主要是防渗。若地基内有连续的软弱夹层，且其抗剪强度指标很低，埋藏浅，产状不利，有可能成为控制稳定的制约因素，因此需要采取措施进行处理。

坝址区存在有岩溶时，应根据岩溶发育情况、充填物性质、坝址区水文地质条件等，选择下列一种或多种组合处理措施：①大面积溶蚀未形成溶洞的可设铺盖防渗；②浅层的溶洞宜挖除或只挖除洞内的破碎岩石和充填物，采用混凝土或埋石混凝土堵塞；③深层的溶洞，可采用灌浆方法处理，或设混凝土防渗墙；④防渗体下游宜设排水设施；⑤库岸边处可设防渗措施隔离；⑥有高流速地下水时，宜采用膜袋灌浆。"膜袋灌浆"是近年来发展的一门新的防渗封堵技术，主要用于有高流速地下水的溶洞封堵。其基本方法是在钻孔中下入由土工织物特制的大小与孔洞相适应的膜袋，然后向膜袋中灌入高黏度速凝浆液。

坝体防渗体和反滤层坝基范围内的断层破碎带、裂隙密集带或强风化层等，应根据构造特征和组成物性质，采取混凝土盖板、混凝土塞、混凝土防渗墙或灌浆等一种或多种处理措施。坝基软弱夹层可根据埋藏深度、性质和出露位置，采用挖除、压坡、局部放缓坝坡或阻滑混凝土塞等一种或多种处理措施。

1. 岩石坝基帷幕灌浆

当防渗体的岩石坝基的透水率不满足要求时应设置灌浆帷幕，同时宜进行固结灌浆。灌浆帷幕的设计标准应按灌浆后的基岩透水率控制，和基岩相对不透水层的透水率标准相同，宜按下列规定确定：1 级、2 级坝及高坝，基岩透水率为 3～5Lu；2 级中坝、低坝和 3 级以下中坝，基岩透水率不大于 5Lu。

灌浆帷幕位置可参考砂砾石地基处理的规定。

帷幕深度应根据建筑物的重要性、水头大小、相对不透水层分布及渗透特性，以及对帷幕所提出的防渗要求等，按下列规定综合研究确定：当相对不透层埋藏深度不大时，帷幕应深入相对不透水层不小于 5m。当坝基相对不透水层埋藏较深或分布无规律时，应根据防渗要求，经渗流分析并结合类似工程经验综合研究确定。岩溶地区的帷幕深度，应根据岩溶及渗漏通道的分布情况和防渗要求确定。

灌浆帷幕伸入两岸的长度可根据下列要求之一确定：①至水库正常蓄水位与水库蓄水前两岸的地下水位相交处；②至水库正常蓄水位与相对不透水层在两岸的相交处。根据防渗要求，按渗流计算成果确定。

隧洞等建筑物穿过灌浆帷幕时，应采取措施确保灌浆帷幕的完整性。坝基灌浆帷幕附近的其他建筑物需设置灌浆帷幕时，帷幕的布置应统一考虑。

当土质防渗体坐落在基岩强风化层中部、上部时，应对基岩的可灌性、耐冲蚀性、灌浆帷幕的耐久性等进行论证，并结合类似工程经验确定钻孔布置、灌浆技术工艺和灌浆材料，灌浆实施前应进行灌浆试验验证。

当河床砂砾石层坝基设置混凝土防渗墙，两岸岩石坝基设置灌浆帷幕时，两岸基岩灌浆帷幕应与混凝土防渗墙搭接，搭接长度应满足渗径要求。混凝土防渗墙下基岩是否设置灌浆帷幕，应根据覆盖层厚度、空间分布情况、渗透特性以及坝高和大坝对防渗的要求等确定。

岩基灌浆帷幕宜采用单排孔布置。基岩断层破碎带、裂隙密集带和岩溶宜采用两排或多排孔。对于高坝，根据基岩透水情况可采用两排。多排帷幕灌浆孔宜按梅花形布置。排距、孔距宜为 1.5～3.0m。灌浆压力应根据地质条件、坝高及灌浆试验等确定。

帷幕灌浆材料应按下列要求确定：基岩裂隙宽度大于等于 0.15mm 宜采用水泥灌浆，裂隙宽度小于 0.15mm 宜采用超细水泥灌浆，也可采用化学灌浆；受灌地区的地下水流速不大于 600m/d 时可采用水泥灌浆，大于 600m/d 时可在水泥浆液中加速凝剂，也可采用化学灌浆，但灌浆的可能性及其效果应根据试验确定；当地下水有侵蚀性，应选择抗侵蚀性水泥，也可采用化学灌浆；采用的化学灌浆材料不得对环境造成污染；化学灌浆宜作为水泥灌浆的加密措施。

灌浆帷幕的钻孔方向宜与岩石主导裂隙的方向正交。当主导裂隙与水平面所成的夹角不大时，宜采用垂直帷幕，反之则宜采用倾斜式帷幕，其倾斜方向应与主导裂隙的倾斜方向相反，并应结合施工技术水平确定。不同钻孔方向的相邻帷幕段之间应有可靠的连接。

2. 岩石坝基固结灌浆

固结灌浆的设计标准，可根据工程实际，同时或分别采用灌浆后坝基岩体的弹性波波速、坝基岩体透水率作为控制指标，确定的控制指标实施前应通过现场试验进行验证。

固结灌浆可沿土质防渗体与地基接触面的整个范围布置。根据地质情况，孔距、排距可取 3.0～4.0m，深度宜取 5～10m。

固结灌浆的灌浆压力，没有混凝土盖板可初步选用于 0.1～0.3MPa，有混凝土盖板可初步选用 0.2～0.5MPa，最终应通过灌浆试验确定。

帷幕灌浆和固结灌浆对浆液的要求、灌浆方法、灌浆结束标准及质量检查等应按照《水工建筑物水泥灌浆规范》（SL 62—2014）执行。

当两岸坝肩岩体有承压水或山体较单薄存在岩体稳定问题时，宜设置灌浆帷幕和排水幕设施。

任务3.3　特殊性土坝基的处理

对地震区的坝基中可能发生液化的无黏性土和少黏性土，应按《水利水电工程地质勘察规范》（GB 50487—2008）进行地震液化判别。

对判别可能液化的土层，宜挖除、换土。在挖除困难或不经济时，可采用人工加密措施，对浅表层，以振动压密较为经济和有效，其有效深度为 1～2m，如用重型振动碾，则可达 2～3m，压实后土层可达中密或紧密状态。对深层可采用振冲法、强夯法、挤密砂桩法等处理。

（1）振冲法。利用振动和压力水冲加固土体，其原理是：依靠振冲器的强烈振动，使饱和砂层液化而使颗粒重新排列，趋于密实；依靠振冲器的水平振动力，通过回填料使砂层进一步挤密。一般孔距为 1.5～3m，加固深度可达 30m。经过群孔振冲处理，相对密度可提高 0.7～0.8m，可以达到防止液化的程度。它适用于黏粒含量少于 10％的砂砾、砂和少黏性土。

（2）强夯法。反复将夯锤（质量一般为 10～40t，目前国内最大的重 75t）提到一定高度使其自由落下（落距一般为 10～30m），给地基以冲击和振动能量，使地基土层加密的一种方法。夯击时的巨大能量可引起饱和砂土体的短暂液化，重新沉积到更密实状态，产生较大的压实效应。加固深度与夯击能量有关，一般可达到 10 余米，使松砂层达到紧密状态。

（3）挤密砂桩法。采用冲击法或振动法往砂土中沉入桩管，并逐步边拔管边灌砂边振动，而形成一系列砂桩，使周围砂层产生挤密和振密作用。这种方法处理深度可达 20m，处理后砂层可达到密实状态。加固效果与砂桩的置换率有关，置换率越大，则加固效果越好。软黏土置换率可达到 70％。

软土不宜作为坝基。当其厚度较大、分布较广难以挖除时，可采用砂井、塑料排水带、加荷预压、真空预压、振冲置换以及调整施工速率等措施处理。经过处理的软土坝基，可修建低的均质坝和心墙坝。软土坝基上筑坝应加强现场孔隙水压力和变形监测。

有机质土不应作为坝基。如坝基内存在的有机质土厚度较小且为不连续夹层，难以挖除时，经过论证并采取有效处理措施可不挖除。

湿陷性黄土可作为低坝坝基，但应论证其湿陷、沉降和溶滤对坝的不利影响，并应对其进行处理。湿陷性黄土坝基宜采用挖除、翻压、强夯、挤密等方法，消除其湿陷性。自重性湿陷性黄土经过论证可采用预先浸水的方法处理。黄土中的落水洞、陷穴、动物巢穴、窑洞、墓坑等地下空洞，应查明处理。

学习小结

请用思维导图对知识点进行归纳总结

学习测试

根据所学知识，回答小浪底水利枢纽工程案例的以下问题：

（1）小浪底水利枢纽地基性质属于（　　　）地基。

A. 岩石　　　　　　B. 黏土　　　　　　C. 砂砾石　　　　　　D. 细砂

（2）小浪底水利枢纽工程地基处理中采用的方法是（　　　）。

A. 混凝土防渗墙　　　　　　B. 灌浆帷幕

C. 黏性土截水墙　　　　　　D. 板桩

（3）地基处理的目的是什么？

技能训练

从坝轴线剖面图可知：右岸坝肩岩石裸露，从右岸坝肩到钻 2 堤滩地有 5～8m 的黄土覆盖层，其下面 3～5m 厚的砂卵石层；从钻 2 到主河槽，覆盖层厚 4～8m；主河槽处，水流常年冲刷，基岩裸露，抗风化能力强；左滩地到左坝肩，黄土覆盖层厚 3～7m。

结合本坝坝基情况，地基处理如下：

（1）从右岸坝肩到钻 2，覆盖层厚，清基开挖量大，故表面 5～8m 的黄土覆盖层处理的方法是：预先浸水，促其湿陷，即在坝基上开挖纵横沟槽或坑，灌水，必要时随着浸水的过程预加荷重。我国黄土地区筑坝实践说明：如不预加荷重，仅靠浸水使黄土湿陷的效果不大，将在水库初蓄和二次蓄水时发生很大沉陷。下面 3～5m 厚的砂卵石层可用钻孔灌浆的方法处理。

（2）从钻 2 到主河槽覆盖层厚 4～8m，可直接开挖至弱风化层 0.5m 深处，内填中粉质壤土。开挖边坡采用 1∶2.0；底宽不小于（1/5）H，其中 H 为最大作用水头，且不小于 3m，本次设计底宽采用 3m。

（3）主河槽处，水流常年冲刷，基岩裸露，抗风化能力强。坝体与岩基结合面，是防渗的薄弱环节，需设混凝土齿墙，以增加接触渗径。延长后的渗径 L 长为 1.05～1.10 倍原渗径，一般可布置 4 排。

（4）左滩地到左岸坝肩，黄土厚 3～7m，处理可采用预先浸水法，然后灌浆处理。

（5）坝体与岸坡的连接，坝肩结合面范围内的所有腐殖土层、树根、草根，均需彻底清除。岸坡应削成平顺的斜面，右岸削成 1∶4 缓坡，岸坡上修建混凝土齿墙，左岸较陡，边坡开挖成 1∶0.75 坡度。

项目4 土石坝的计算与分析

案例

小浪底水利枢纽工程，拦河大坝为壤土斜心墙堆石坝，坝顶高程281m，最大坝高160m，上游坡1：2.6、1：3.5，下游坡1：1.75、1：2.5，断面尺寸如图2.1所示。

问题：（1）大坝承受100多米的水头，漏水吗？

（2）大坝如何设计防渗？

（3）坝体安全吗？会不会发生滑坡？

任务书

土石坝的计算与分析任务书

模 块 名 称		土石坝的计算与分析	参考课时/天
学习型工作任务		渗流计算	4.0
		稳定计算	4.0
		绘制设计图、整理设计报告	2.0
教学内容		（1）渗流分析的水力学法。 （2）流网法。 （3）理正软件简介。 （4）理正软件进行土石坝渗流计算。 （5）渗流总量计算。	（6）瑞典圆弧法进行稳定计算。 （7）岩土计算软件进行土石坝稳定计算
教学目标	知识	（1）熟悉渗流分析的目的、计算基本假定。 （2）掌握渗流分析的水力学法计算步骤。 （3）掌握理正软件进行土石坝渗流计算。 （4）掌握均质坝的流网绘制。	（5）掌握渗流总量计算。 （6）掌握瑞典圆弧法进行稳定计算步骤。 （7）岩土计算软件进行土石坝稳定计算方法
	技能	（1）会用岩土计算软件进行土石坝渗流计算。 （2）会用岩土计算软件进行土石坝稳定计算方法。	（3）会绘制均质坝内的流网图。 （4）会计算坝体渗流总量

续表

模　块　名　称	土石坝的计算与分析	参考课时/天
教学目标	素质	（1）激发学习兴趣，培养创新意识。 （2）树立追求卓越、精益求精的岗位责任，培养工匠精神。 （3）传承大禹精神、红旗渠精神、抗洪精神、愚公移山精神，增强职业荣誉感	

教学任务	教学任务： （1）土石坝渗流分析水力学法。 （2）土石坝渗流分析流网法。 （3）瑞典圆弧法进行土石坝稳定分析。 （4）岩土计算软件进行土石坝渗流计算。 （5）岩土计算软件进行土石坝稳定计算
项目成果	（1）土石坝设计计算书。（2）土石坝设计说明书。（3）土石坝设计图
技术规范	《碾压式土石坝设计规范》（SL 274—2020）

任务4.1　渗流计算※

理正软件
进行土石
坝渗流计算

 导向问题

（1）小浪底工程蓄水后，大坝会不会渗漏？渗漏量是多少？

（2）小浪底大坝坝体内的浸润线、渗流量如何计算？

 相关知识

4.1.1　土石坝的渗流分析

1. 渗流分析目的

渗流分析的目的为布置防渗排水设施、选择合理的渗流控制方案，保障坝各部位的渗流稳定性，防止发生管涌、流土等渗流破坏。

2. 渗流分析内容

（1）确定坝体浸润线和坝下游渗流逸出点的位置，绘制坝体及坝基内的等势线分布图或流网图。

（2）确定坝体与坝基的单宽渗流量和总渗流量，估算水库渗漏损失。

（3）确定下游坝壳与坝基面之间的渗透比降，坝坡逸出段的逸出比降，以及不同土层之间的渗透比降，以判断其渗透稳定性。

（4）确定库水位降落时上游坝坡内的浸润线位置或孔隙水压力。

（5）确定坝肩的等势线、渗流量和渗透比降。

3. 渗流计算情况

渗流计算应包括下列水位组合情况：

（1）上游正常蓄水位与下游相应的最低水位。

（2）上游设计洪水位与下游相应的水位。

（3）上游校核洪水位与下游相应的水位。

（4）库水位降落时上游坝坡稳定最不利的水位组合。

渗流计算应包括各工况组合下的稳定渗流，1级坝、2级坝和3级以下高坝库水位降落工况宜进行非稳定渗流计算。

4．渗透系数选取

坝体和坝基材料渗透系数选取应考虑渗透系数的各向异性，计算渗流量时渗透系数宜采用其大值平均值，计算水位降落时的浸润线渗透系数宜用其小值平均值。

5．计算断面选取

一般选择若干个典型断面，如最大坝高断面、两岸岸坡坝段的代表性断面、坝体不同分区的代表性断面、坝基不同地质条件的代表性断面。

6．渗流分析的方法

有许多方法可用来进行渗流分析，其中，水力学方法和流网法比较简单实用，同时也具有一定的精度。对于1级、2级坝和高坝，则需要采用有限元等数值解法。本节课主要学习用水力学方法和流网法进行渗流分析。

4.1.2 渗流分析的水力学法

用水力学法进行土石坝渗流计算时，可将坝内渗流分为若干段，应用达西定律和杜平假设，建立各段的运动方程式，然后根据水流的连续性求解渗透流速、渗透流量和浸润线等。

1．渗流基本公式

对于不透水地基上矩形土体内的渗流，如图 4.1 所示。

应用达西定律，渗透流速 $v = KJ$，K 为渗透系数，J 为渗透坡降。假定任一铅直过水断面内各点渗流坡降均相等，则全断面的平均流速 v 等于：

$$v = -K \frac{\mathrm{d}v}{\mathrm{d}x} \tag{4.1}$$

式中：x、y 分别为浸润线上任意一点的横、纵坐标值。

设 q 为单宽流量，则

$$q = vy = -Ky \frac{\mathrm{d}y}{\mathrm{d}x} \tag{4.2}$$

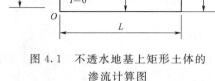

图 4.1 不透水地基上矩形土体的渗流计算图

将式（4.2）变为

$$q\,\mathrm{d}x = -Ky\,\mathrm{d}y \tag{4.3}$$

等式两端积分，x 由 0 至 L，y 由 H_1 至 H_2，经整理则得

$$q = \frac{K(H_1^2 - H_2^2)}{2L} \tag{4.4}$$

式中：H_1、H_2 分别为矩形土体的上、下游水深。

若将式（4.3）两端积分的上、下限改为：x 由 0 至 x，y 由 H_1 至 y，则得浸润线方程为

$$q=\frac{K(H_1^2-y^2)}{2x} \tag{4.5}$$

即

$$y=\sqrt{H_1^2-\frac{2q}{K}x} \tag{4.6}$$

由式（4.6）可知，浸润线是一个二次抛物线。式（4.5）和式（4.6）为渗流基本公式，当单宽流量 q 已知时，即可绘制浸润线，若边界条件已知，即可计算单宽渗流量。

2. 均质土石坝的渗流计算

（1）均质土坝在不透水地基上，无排水设备。无排水设备和设有贴坡排水的渗流计算方法相同。

根据分段法及其修正，单宽流量 q 和逸出高度 a_0 可由式（4.7）、式（4.8）联立用试算法解出。

$$q=k\frac{H_1^2-(H_2-a_0)^2}{2(\lambda H_1+s)} \tag{4.7}$$

$$q=ka_0(\sin\beta)\left(1+2.3\lg\frac{H_2+a_0}{a_0}\right) \tag{4.8}$$

$$s=l-m_2(a_0+H_2) \tag{4.9}$$

$$\lambda=\frac{m_1}{2m_1+1} \tag{4.10}$$

式中　　k——渗流系数；

s——浸润线水平投影长度；

λ——系数。

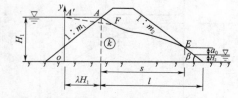

图 4.2　均质坝无排水设备的渗流计算图

其他符号如图 4.2 所示。

浸润线方程为

$$y=\sqrt{H_1^2-\frac{2q}{k}x} \tag{4.11}$$

用式（4.11）求出的浸润线是通过 A' 点的，但是实际渗入点是 A 点，因而应从 A 点做一垂直于上游坡面而切于浸润线的弧线 AF，则曲线 AFE 即为所求的浸润线。

在初步计算中，可以假定浸润线逸出点就是下游坝坡与下游水面的交点，即 $a_0=0$，此时的单宽流量仍可由式（4.7）求出。

下游坝坡渗出段的最大渗流坡降 J 为

$$J=\frac{1}{m_2} \tag{4.12}$$

（2）均质土坝在不透水地基上，下游有排水设备。当有棱体排水，其浸润线逸出与下游水面相交的情况，如图 4.3 所示，此时的渗流计算与上述无排水设备的结果相似。单宽渗流量为

$$q = k \frac{H_1^2 - H_2^2}{2(\lambda H_1 + s)} \tag{4.13}$$

式中，$s = d - m_1 H_1 + e$，$e = (0.05 \sim 0.06) H_1$，初步计算时可将 e 忽略，如图 4.3 所示。

λ 由式（4.10）确定。

浸润线方程仍可由式（4.11）计算。

当设置褥垫式排水，下游无水时（图 4.4），浸润线逸出点距排水设备的首端的距离为 e。当设置管式排水，下有无水（图 4.5），浸润线逸出点通过管的中点。以上两种情况均可以用式（4.11）、式（4.13）进行计算，但对其中的 e 值，当管式排水，$e = 0$；褥垫式排水，e 由式（4.14）计算。

$$e = \frac{h_1}{2} = \frac{1}{2}(\sqrt{d_1^2 + H_1^2} - d_1) \tag{4.14}$$

式中，h_1、d_1 如图 4.4 所示。

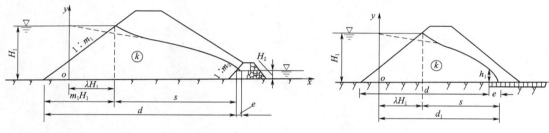

图 4.3　均质土坝有排水设备渗流计算　　　　　图 4.4　设置褥垫式排水时

（3）均质土坝在透水地基上，下游有排水设备或无排水设备。

如图 4.6 所示，沿坝基面将坝分为坝体和坝基两部分，假设两部分的渗流互不影响，坝体和坝基的渗透系数分别为 k_1、k_2。

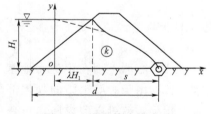 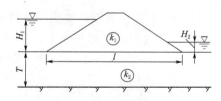

图 4.5　设置管式排水时　　　　　图 4.6　均质土坝在透水地基上的计算简图

计算坝体的渗流量时，假定坝基为不透水，应用不透水地基上的均质土坝的渗流计算方法确定。计算坝基渗流时，假定坝体为不透水，按有压渗流考虑，其单宽渗流量按式（4.15）、式（4.16）确定。

$$q = k_2 \frac{T(H_1 - H_2)}{nl} \tag{4.15}$$

$$n = 1 + 0.87 \frac{T}{l} \tag{4.16}$$

式中，各符号如图 4.6 所示。

n 值也可由表 4.1 查得。

表 4.1 参 数 n 的 取 值 表

$\dfrac{l}{T}$	20	15	10	5	4	3	2	1
n	1.05	1.06	1.09	1.18	1.23	1.30	1.44	1.87

表中 l、T 含义如图 4.6 所示。

3. 心墙土坝的渗流计算

（1）心墙土坝在不透水地基上，无排水设备。先将心墙的梯形断面简化为矩形，如图 4.7 所示，即心墙厚度为

$$\delta = \frac{\delta_1 + \delta_2}{2} \tag{4.17}$$

式中　δ_1、δ_2——心墙在库水位、地基上的厚度。

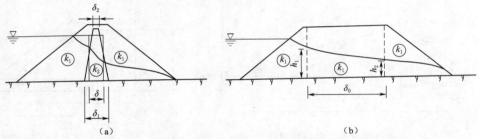

图 4.7　不透水地基上无排水设备的心墙坝渗流计算

将具有渗流系数为 k_2 的心墙，转化成具有与坝壳同一渗透系数的均质坝，心墙的化引厚度 δ_0 如图 4.7（b）所示，由式（4.18）确定

$$\delta_0 = \frac{k_1}{k_2} \delta \tag{4.18}$$

化为均质坝以后，心墙坝的渗流计算便可以按均值坝的渗流计算方法进行。计算得到的浸润线高度 h_1、h_2，即为原心墙上、下游的浸润线高度。

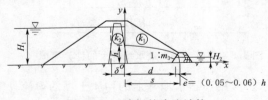

图 4.8　心墙坝的渗流计算

（2）心墙土坝在不透水地基上，有排水设备。由于心墙上游的坝体部分对渗流影响较小，故可以假设库水位在上游坝壳部分没有影响。

对于设置棱体排水的心墙坝（图 4.8），单宽流量和心墙浸润线逸出高度 h 可由式（4.19）、式（4.20）联立用试算法解出。

$$q = k_2 \frac{H_1^2 - h^2}{2\delta} \tag{4.19}$$

$$q = k_1 \frac{h - H_2^2}{2s} \tag{4.20}$$

浸润线的方程为

$$y=\sqrt{h^2-\frac{2q}{k_1}x}\qquad(4.21)$$

式中　h——心墙浸润线的逸出高度；

其余符号意义同前。

褥垫式排水，下游无水的情况，如图 4.9 所示。管式排水，下游无水的情况，如图 4.10 所示。这两种情况均可用式（4.19）～式（4.21）计算。

褥垫式排水的 e 值按式（4.22）计算。

$$e=\frac{1}{2}(\sqrt{d^2+h^2}-d)\qquad(4.22)$$

式中　e、d、h 符号含义如图 4.9 所示。

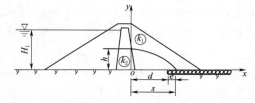

图 4.9　不透水地基带有褥垫式排水的心墙坝　　　图 4.10　不透水地基带有管式排水的心墙坝

4. 斜墙土坝的渗流计算

斜墙土坝在不透水地基上，有排水设备时，首先将变厚的斜墙（斜墙的厚度常垂直于斜墙的上游坡量取）化为等厚的斜墙，则厚度为

$$\delta=\frac{\delta_1+\delta_1}{2}\qquad(4.23)$$

式中　δ_1，δ_2——斜墙在库水位、地基上的厚度，如图 4.11 所示。

斜墙坝带有棱体排水，如图 4.11 所示。其渗流计算由式（4.24）、式（4.25）求出。

$$q=k_2\frac{H_1^2-h^2}{2\delta\sin\theta}\qquad(4.24)$$

$$q=k_1\frac{h^2-H_2^2}{2(d-m_1h+e)}\qquad(4.25)$$

式中　k_1、k_2——坝体和斜墙的渗透系数。

其余符号如图 4.11 所示。

浸润线方程为

$$y=\sqrt{h^2-\frac{2q}{k_1}x}\qquad(4.26)$$

褥垫式排水（下游无水）和管式排水（下游无水），其浸润线逸出部分如图4.12 所示。渗流计算可以用式（4.24）～式（4.26）。褥垫式排水中的 e

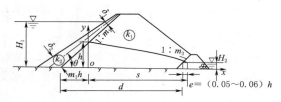

图 4.11　斜墙坝有棱体排水时渗流计算

计算同心墙坝渗流计算。

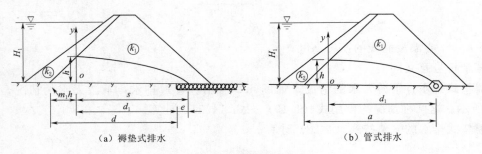

（a）褥垫式排水　　　　　　　　（b）管式排水

图 4.12　斜墙坝下游无水

5. 透水坝基，设有混凝土防渗墙等型式土坝的渗流计算

透水地基上填筑土石坝，常用混凝土防渗墙、黏土截水墙、板桩以及各种灌浆等防渗

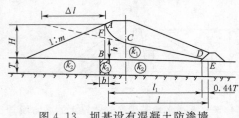

图 4.13　坝基设有混凝土防渗墙
的土坝渗流计算

k_1、k_2、k_3—坝体、坝基、
混凝土防渗墙的渗透系数

措施进行地基防渗处理。以下介绍有限透水地基上设置混凝土防渗墙等的土坝渗流计算方法。

根据试验证明，当防渗墙的位置在坝基中线至上游坡脚范围内，如图 4.13 所示。此时的浸润线位置最低，相应的单宽流量可以近似由式（4.27）计算。

$$q = k_2 T \frac{h}{l} \qquad (4.27)$$

式中　k_2——透水坝基的渗透系数；

h——混凝土防渗墙下游面的渗流水头，由式（4.28）计算。

$$h = \frac{A_0\left(1+\dfrac{\alpha_2}{\alpha_3}\right) - \dfrac{\alpha_2^2}{2\alpha_3}}{A_1\left(A_0+\dfrac{\alpha_1\alpha_2}{\alpha_3}\right) + A_2(1+A_0)} \qquad (4.28)$$

其中，

$$\alpha_1 = \frac{k_1}{k_2}\frac{\Delta l}{T}; \quad \alpha_2 = \frac{1.36}{\lg\dfrac{3H}{b}}; \quad \alpha_3 = \frac{k_1}{k_3}\frac{b}{T}; \quad \alpha_4 = \frac{k_1}{k_2}\frac{1}{T}$$

$$A_1 = 1 - \frac{\alpha_1}{\alpha_4}; \quad A_2 = \frac{\alpha_1}{\alpha_4} + \frac{\alpha_2}{2\alpha_4} + \frac{\alpha_1}{2\alpha_3}\left(1+\frac{\alpha_2}{\alpha_4}\right)$$

$$A_0 = 1 + 2\alpha_1 + \alpha_2; \quad \Delta l = mH f(Z); \quad Z = 2m\sqrt{\frac{k_1}{k_2}\frac{H}{T}}$$

式中　$f(Z)$——函数，如图 4.14 所示。

对于透水性很小可以忽略的混凝土防渗墙，当 $k_3 \to \varepsilon$（无穷小）、$\alpha_3 \to \infty$（无穷大）时，仍可以用上法计算 h；对考虑透水的板桩，k_3 由式（4.29）计算

$$k_3 = \eta k_2 \qquad (4.29)$$

式中　η——系数，对于金属板桩取 0.0025～0.0050，木板桩可取 0.02～0.03。

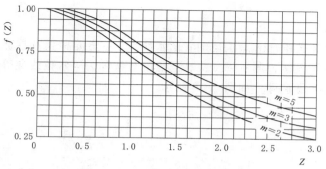

图 4.14　$f(Z)-Z$ 关系曲线图

浸润线的做法如下：如图 4.14 所示，将 E 点与 F 点连成直线，该线分别于坝基中线和排水棱体上游面交于 C 和 D 点，将 A、C 连成光滑的曲线（曲线的 A 端垂直于上游坡），则得到浸润线 ACD。

当下游设置褥垫式排水或管式排水时，上述方法仍然适用，但是，其中的 l_1 为混凝土防渗墙下游面至褥垫式排水上游端或管式排水管中点的距离。

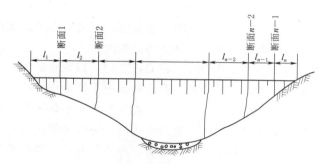

6. 总渗流量计算

计算总流量时，应根据地形及透水层厚度的变化情况，将土石坝沿坝轴线分为若干段，如图 4.15 所示，然后分别计算各段的平均单宽流量，则全坝的总渗透流量 Q 可按下式计算：

图 4.15　总渗流量计算示意图

$$Q=\frac{1}{2}\left[q_1l_1+(q_1+q_2)l_2+\cdots+(q_{n-2}+q_{n-1})l_{n-1}+q_{n-1}l_n\right] \qquad (4.30)$$

式中　l_1、l_2、$\cdots$、l_n——各段坝长；

　　　q_1、q_2、$\cdots$、q_n——断面 1、断面 2 处的单宽流量。

渗流计算结果应列表表示。渗流计算结果汇总表见样表 4.2。

表 4.2　　　　　　　　　　　　　　　　渗流计算结果汇总表

计算情况	正常蓄水位			设计洪水位			1/3 坝高水位或死水位		
	断面 1	断面 2	……	断面 1	断面 2	……	断面 1	断面 2	……
渗流流量/[m³/(s·m)]									
总渗流量/(m³/d)									

4.1.3　渗流分析的手绘流网法

手绘流网并辅以简单的计算，除了可以得到土石坝在稳定渗流情况下的浸润线、渗透流量、渗流逸出坡降等数据，供渗流分析以外，还可以得到坝体内的孔隙水压力，供坝坡稳定分析用。

1. 流网的特性

在土石坝的渗流范围内充满了运动着的水质点。在稳定渗流的层流中，水质点的运动轨迹即为流线，各条流线上测压管水头相同点的连线称为等水位线或等势线。流线与等势线组成的网状图形叫做流网，如图 4.16 所示。

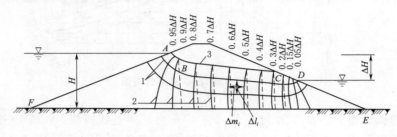

图 4.16　流网绘制
1—流线；2—等势线；3—浸润线

绘制的流网是否正确，要看它是否符合以下的流网特性。

（1）流线和等势线都是圆滑的曲线。

（2）流线和等势线是互相正交的，即在相交点，二曲线的切线互相垂直。这一点可用下面的简单推断来说明。假设等势线上某一点速度的方向不垂直于等势线，则该点速度必有平行于等势线的分速，但等势线各点水头都相等，不可能产生沿等势线的运动，故平行于等势线的分速为零，所以流线与等势线必须互相正交。

为了应用方便和便于绘制、检查流网，一般把流网的网格画成曲线正方形，即其网格的中线互相正交且长度相等。这样可使流网中各流带的流量相等，各相邻等势线间的水头差相等。

2. 流网的绘制

以不透水地基上均质坝为例说明手绘流网的方法，如图 4.16 所示。首先确定渗流区的边界：上、下游水下边坡线 AF 和 DE 均为等势线，初拟的浸润线 AC 及坝体与不透水地基接触线 FE 均为流线。下游坡逸出段 CD 既不是等势线，也不是流线，所以流线与等势线均不与它垂直正交，但其上各点反映了该处逸出渗流的水面高度。其次，将上、下游水头差 ΔH 分成 n 等分，每段为 $\dfrac{\Delta H}{n}$（如图中分为 10 等份，每段为 $0.1\Delta H$），然后引水平线与浸润线相交（参照图 4.17），从交点处按照等势线与流线正交的原则绘制等势线，形成初步的流网。最后，不断修改流线（包括初拟浸润线）与等势线，必要时可插补流线和等势线，直至使它们构成的网格符合要求，通常使之成为扭曲正方形。

3. 流网的应用

流网绘制后，可以根据流网求得渗透范围内各点的水力要素。

（1）渗透坡降与渗透流速：在图 4.16 中任取一个网格 i，两等势线相距为 ΔL_i，两流线间相距为 ΔM_i，水头差为 $\dfrac{\Delta H}{n}$，则该网格的平均渗透坡降为

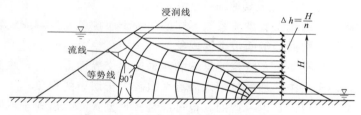

图 4.17　设有棱体排水的土石坝流网图

$$J_i = \frac{\dfrac{\Delta H}{n}}{\Delta L_i} = \frac{\Delta H}{n \Delta L_i} \qquad (4.31)$$

通过该网格两流线间（流带）的平均渗透流速为

$$V_i = K J_i = \frac{K \Delta H}{n \Delta L_i} \qquad (4.32)$$

由于 K、ΔH 在同一流网中为常数，J_i 及 V_i 大小与网格的中线长 ΔL_i 成反比，即网格小的地方坡降和流速大，反之则小。因此，从流网中可以很清楚地看出流速的分布情况和水力坡降的变化。

（2）渗流量　单宽渗流量 q 为所有流带流量的总和。图 4.16 网格 i 所在流带中的渗流量为

$$\Delta q_i = K J \Delta m_i = \frac{K \Delta H \Delta m_i}{n \Delta L_i}$$

如果绘制的网格是扭曲正方形（$\Delta m_i = \Delta l_i$），则

$$\Delta q = \frac{K \Delta H}{n}$$

如整个流网分成 m 个流带，则单宽总渗透流量为

$$q = \sum_{i=1}^{m} \Delta q_i \qquad (4.33)$$

（3）渗透动水压力 W_ϕ　因为任意两相邻等势线的水头差为 $\dfrac{\Delta H}{n}$，所以任一网格 i 范围内的土体所承受的渗透动水压力为

$$W_\phi = \gamma \frac{\Delta H}{n} \Delta l_i \times 1 = \gamma \frac{\Delta H}{n \Delta l_i} \times \Delta l_i^2 \times 1 = \gamma J_i A_i \qquad (4.34)$$

式中　A_i——网格 i 的面积；

　　　γ——水的重度。

4.1.4　土石坝的渗透变形及其防止措施

土石坝及地基中的渗流，由于机械或化学作用，可能使土体产生局部破坏，称为渗透变形。渗透变形严重时会导致工程失事，必须采取有效的控制措施。

土石坝发生的渗流变形主要表现为以下几种形式：

（1）管涌。指渗流作用下，土中的细颗粒由骨架孔隙通道中被带走而流失的现象。这主要出现在较疏松的无黏性土中。

（2）流土。指在向上渗流作用下，表层局部土体发生隆起或粗颗粒群发生浮动而流失的现

象。前者多发生在表层为黏性土或其他细粒土组成的土层中，后者多发生在不均匀砂土层中。

（3）接触冲刷。指渗流沿着渗流系数不同的两种土层接触面上，或是建筑物与地基接触面上流动时，将细颗粒沿接触面带走的现象。

（4）接触流失。指在渗流系数相差悬殊的两种土层交界面上，由于渗流垂直于层面流动，将渗流系数较小土层中的细颗粒带入渗流系数较大土层中的现象。

渗透变形的型式，可能是单一型的，也可能是多种型式同时出现于不同部位。土体发生渗透变形的原因主要取决于渗透坡降、土的颗粒组成和孔隙率等，设计时应进行分析判别，采取合适的防护措施。

为防止渗透变形，通常采用的工程措施有：全面截阻渗流、延长渗径、设置排水设施、反滤层等，一般采用防渗心墙、防渗斜墙、黏土截水槽、混凝土防渗墙、棱体排水、贴坡排水、坝内排水以及反滤层、过渡层、土工布等。

这里只介绍反滤层的有关问题，其他措施在其他任务中介绍。

设置反滤层是提高土体的抗渗变形能力、防止各类渗透变形特别是防止管涌的有效措施。反滤层的作用是安全、顺利地排除坝体和地基中的渗透水流。在土质防渗体（包括心墙、斜墙、铺盖和截水墙等）与坝壳和坝基透水层之间以及下游渗流逸出处，渗流流入排水设施处，均应设置反滤层。下游坝壳与坝基透水层接触区，与岩基中发育的断层破碎带、裂隙密集带接触部位，应设反滤层。土质防渗体分区坝的坝壳内不同性质的材料分区之间，应满足反滤要求。防渗体下游和渗流逸出处的反滤层，在防渗体出现裂缝的情况下土颗粒不应被带出反滤层。防渗体上游反滤层材料的级配、层数和厚度相对于下游反滤层可简化。

学习小结

请用思维导图对知识点进行归纳总结

学习测试

（1）土石坝渗流分析的目的是（　　　）。

A. 选择合理的渗流控制方案

B. 保障坝各部位的渗流稳定性

C. 防止发生管涌、流土等渗流破坏

D. 验证大坝的抗滑稳定

（2）用水力学法进行土石坝渗流计算时，基本假定是（　　　）。

A. 符合达西定律　　　　　　　B. 渗流为急流

C. 符合连续条件　　　　　　　D. 渗流为无压流

（3）坝体内的浸润线为（　　　）。

A. 直线　　　　　B. 圆弧曲线　　　　　C. 抛物线　　　　　D. 螺旋曲线

（4）黏性土体发生渗流变形型式为（　　　）。

A. 管涌　　　　　B. 流土　　　　　C. 接触冲刷　　　　　D. 接触流失

技能训练

土石坝渗流计算软件的使用。

理正软件进行土石坝稳流计算

任务4.2　稳定计算※

导向问题

（1）你设计的土石坝的坝坡是多少？合适吗？为什么？

（2）重力坝的失稳表现形式是什么？土石坝失稳表现形式是什么？

（3）小浪底大坝主要是有堆石填筑而成的散粒体结构，在自重、各种情况下孔隙水压力作用下，大坝坝坡是否还能保持稳定？如何进行坝坡稳定核算？

相关知识

1. 土石坝滑动破坏型式

土石坝坝坡较缓，在外荷载及自重作用下，不会产生整体水平滑动。如果剖面尺寸不当或坝体、坝基材料的抗剪强度不足，在一些不利荷载组合下有可能发生坝体或坝体连同部分坝基一起局部滑动的现象，造成失稳；另外，当坝基内有软弱夹层时，也可能发生塑性流动，影响坝体的稳定。

进行土石坝稳定计算的目的是保证坝体在自重、孔隙水压力和外荷载作用下，具有足够的稳定性，不致发生通过坝体或坝体连同地基的剪切破坏。

进行稳定计算时，应先假定滑动面的形状。土石坝滑坡的型式与坝体结构、筑坝材料、地基性质以及坝体的工作条件等密切相关，常见的滑动破坏型式有圆弧滑动面、折线滑动面和复合滑动面，如图 4.18 所示。

（1）圆弧滑动面。当滑动面通过黏性土部位时，其形状通常为一顶部陡而底部渐缓的曲面，如图4.18（a）所示，稳定分析中多以圆弧代替。

（2）折线滑动面。折线滑动面多发生在非黏性土的坝坡中，如薄心墙坝，斜墙坝等；如图4.18（b）所示。当坝坡部分浸水，则常为近于折线的滑动面，折点一般在水面附近，如图4.18（b）所示。

（3）复合滑动面。厚心墙或由黏土及非黏性土构成的多种土质坝形成复合滑动面，如图4.18（c）所示。当坝基内有软弱夹层时，因其抗剪强度低，滑动面不再往下深切，而是沿该夹层形成曲、直面组合的复合滑动面。

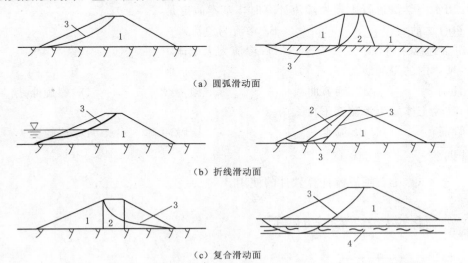

（a）圆弧滑动面

（b）折线滑动面

（c）复合滑动面

图4.18　土石坝滑动破坏型式

1—坝壳；2—防渗体；3—滑动面；4—软弱层

2. 稳定计算

稳定计算选取的典型断面包括：最大坝高断面、两岸岸坡坝段的代表性断面、坝体不同分区的代表性断面、坝基不同地形地质条件的代表性断面。

计算情况包括正常运用情况和非常运用（校核情况）。正常运用（设计情况）包括以下几种情况：①水库蓄满水（正常高水位或设计洪水位）时下游坝坡的稳定计算；②上游库水位最不利时上游坝坡的稳定计算，这种不利水位大致在坝底以上1/3坝高处，当坝剖面比较复杂时，应通过试算来确定；③库水位正常降落，上游坝坡内产生渗透力时，上游坝坡的稳定计算。非常运用（校核情况）包括以下几种情况：①库水位骤降时（一般当土壤渗透系数 $K \leqslant 10^{-3}$ cm/s，水库水位下降速度 $V > 3$m/d 时属于骤降），上游坝坡的稳定计算；②施工期到竣工期，坝坡连同黏性土基一起的稳定计算，特别是对于高坝厚心墙的情况，必须考虑孔隙水压力的作用；③校核水位时，下游坝坡的稳定计算。此外，还有正常情况（包括施工情况）加地震作用时，上、下游坝坡的稳定计算。

3. 稳定安全系数标准

当采用简化的毕肖普法计算时，坝坡抗滑稳定安全系数应不小于表4.3规定的数值。混凝土面板堆石坝用非线性抗剪强度指标计算坝坡稳定的安全系数可参照表4.3的规定并经工程类比确定取值。采用滑楔法进行稳定计算时，当假定滑楔之间作用力平行于坡面和滑底斜面的平均坡度时，安全系数应符合表 4.3 的规定；当假定滑楔之间作用力为水平方向时，对 1 级坝正常运用条件最小安全系数应不小于 1.30，其他情况可比表 4.3 规定的数值减小 8%。

表 4.3 坝坡抗滑稳定最小安全系数

运 用 条 件	大 坝 级 别			
	1 级	2 级	3 级	4 级、5 级
正常运用条件	1.30	1.25	1.20	1.15
非常运用条件 I	1.20	1.15	1.10	1.05
非常运用条件 II	1.10	1.05	1.05	1.00

4. 荷载计算

土石坝稳定计算考虑的荷载主要有自重、渗透力、孔隙水压力和地震惯性力等。

（1）自重。对于坝体自重，一般在浸润线以上的土体按湿重度计算，浸润线以下、下游水位以上按饱和重度计算，下游水位以下按浮重度计算。

（2）渗透力。渗透力是渗透水流通过坝体时作用于土体的体积力。其方向为各点的渗流方向，单位土体所受到的渗透力大小为 γJ，γ 为水的重度，J 为该处的渗透坡降。

（3）孔隙水压力。黏性土在外荷载作用下产生压缩时，由于孔隙内空气和水不能及时排出，外荷载便由土粒、孔隙中的水和空气共同承担。若土体饱和，外荷载将全部由水承担。随着孔隙水因受压而逐渐排出，所加的外荷载逐渐向土料骨架上转移。土料骨架承担的应力称为有效应力，它在土体滑动时能产生摩擦力抵抗滑动；孔隙水承担的应力称为孔隙应力（或称孔隙水压力），它不能产生摩擦力；土壤中的有效应力与孔隙水压力之和称为总应力。

孔隙水压力的存在使土的抗剪强度降低，也使坝坡稳定性降低。对于黏性土坝体或坝基，在施工期和水库水位降落期必须计算相应的孔隙水压力，必要时还要考虑施工末期孔隙水压力的消散情况。

孔隙水压力的大小一般难以准确计算，它不仅与土料的性质、填土含水量、填筑速度、坝内各点荷载和排水条件等因素有密切关系，而且还随时间变化。目前孔隙水压力常按两种方法考虑，一种是总应力法，即采用不排水剪的总强度指标 φ_u、C_u 来确定土体的抗剪强度，$\tau_u = c_u + \sigma \tan \varphi_u \cdot \tau$；另一种是有效应力法，即先计算孔隙水压力，再把它当作一组作用在滑弧上的外力来考虑，采用与有效应力相对应的排水剪或固结快剪试验的有效强度指标 φ'、c'。

（4）地震惯性力。地震惯性力按拟静力法计算，沿坝高作用于质点之处的水平向地震惯性力代表值 F_i 的具体计算详见《水工建筑物抗震设计标准》（GB 51247—2018）。

5. 土料抗剪强度指标的选取

土石料的抗剪强度指标选用关系到工程的安全和经济性。选用的指标需与坝的工作性态相符合，表 4.4 列出了不同时期选用不同计算方法时抗剪强度指标的测定和应用。如稳定渗流期坝体已经固结，应用有效应力法时，用固结排水剪（CD）指标；施工期或库水位降落期，应同时用有效应力法和总应力法，并以较小的安全系数作为坝坡抗滑稳定安全系数，强度指标则分别采用固结排水剪和固结不排水剪指标。

表 4.4 抗剪强度指标的测定和应用

计算工况	计算方法	土 类		使用仪器	试验方法与代号	强度指标	试样起始状态
施工期	有效应力法	无黏性土		直剪仪	慢剪（S）	c'、φ'	填土用填筑含水率和填筑容重的土，坝基用原状土
				三轴仪	固结排水剪（CD）		
		黏性土	饱和度小于80%	直剪仪	慢剪（S）		
				三轴仪	不排水剪测孔隙水压力（UU）		
			饱和度大于80%	直剪仪	慢剪（S）		
				三轴仪	固结不排水剪测孔隙水压力（CU）		
	总应力法	黏性土	渗透系数小于 10^{-7} cm/s	直剪仪	快剪（Q）	c_u、φ_u	
			任何渗透系数	三轴仪	不排水剪（UU）		
稳定渗流期和水库水位降落期	有效应力法	无黏性土		直剪仪	慢剪（S）	c'、φ'	同上，但要预先饱和，而浸润线以上的土不需饱和
				三轴仪	固结排水剪（CD）		
		黏性土		直剪仪	慢剪（S）		
				三轴仪	固结不排水剪测孔隙水压力（CU）或固结排水剪（CU）		
水库水位降落期	总应力法	黏性土	渗透系数小于 10^{-7} cm/s	直剪仪	固结快剪（R）	C_{CU}、φ_{CU}	
			任何渗透系数	三轴仪	固结不排水剪（CD）		

注 表内施工期总应力法抗剪强度为坝体填土非饱和土，对于坝基饱和土，抗剪强度指标应改为 C_{CU}、φ_{CU}。

6. 土石坝的坝坡稳定分析

现行的边坡稳定分析方法有很多，基本上都基于极限平衡理论，采用假定滑动面的方法。首先选定一种或几种破坏面的形式（如圆弧、折线或复合面），再在其中选取若干个可能的破坏面，分别计算出他们的安全系数，其中安全系数最小的滑动面即为最危险滑动面，相应的安全系数即为所求的安全系数。

（1）圆弧条分法。基本原理如图 4.19 所示，假定滑动面为圆柱面，将滑动面内土体视为刚体，边坡失稳时该土体绕滑弧圆心 O 作转动，计算时常沿坝轴线取单宽坝体按平面问题进行分析。采用条分法，将滑动土体按一定的宽度分为若干个铅直土条，分别计算出各土条对圆心 O 的抗滑力矩 M_{ri} 和滑动力矩 M_{si}，再分别求其总和。当土体绕 O 点的总抗滑力矩 $\sum M_{ri}$ 大于滑动力矩 $\sum M_{si}$，坝坡保持稳定；反之，坝坡丧失稳定。

对于均质坝、厚斜墙坝和厚心墙坝来说，滑动面往往接近于圆弧，故采用圆弧滑动法进行坝坡稳定分析。为了简化计算和得到较为准确的结果，实践中常采用条分法。规范采用推荐采用简化毕肖普法。即计算时若假定相邻土条间的切向力近似相等（图 4.19，

$X_i = X_{i+1}$），即只考虑条块间的水平作用力 E_i、E_{i+1}。

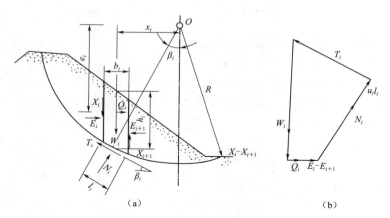

图 4.19 简化的毕肖普法稳定计算图

W_i—第 i 个土条重量，kN；X_i、X_{i+1}—第 i 个土条两侧土条间的切向力，kN；E_i、E_{i+1}—
第 i 个土条两侧土条间的法向力，kN；Q_i—第 i 个土条的地震水平力，kN；x_i—第 i 个土
条中心线距离圆心的距离，m；R—滑动圆弧半径，m；β_i—第 i 个土条与 0 号土条中心线
（过圆心 O 的垂线）之间的夹角，(°)；h_i—第 i 个土条的高度，m；l_i—第 i 个土条的
弧长，m；e_i—第 i 个土条的地震水平力 Q_i 的作用点与圆心之间的距离，m；
b_i—第 i 个土条宽度，m；T_i—第 i 个土条底部的总切向力，kN；
N_i—第 i 个土条的底部的总法向力，kN

以简化的毕肖普法，渗流稳定期时下游坝坡稳定计算为例，说明如下。

1）将土条编号。将滑弧内土体用铅直线分成若干条块，为方便计算，取各土条宽度
$b = R/m$，m 一般取 $10 \sim 20$。对各土条进行编号，以圆心正下方的一条编号 $i = 0$，并依
次向上游为 $i = 1$，2，3，…，向下游为 $i = -1$，-2，-3，…，如图 4.20 所示。

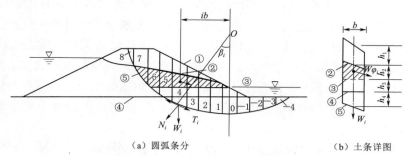

（a）圆弧条分　　　　　　　　　　　　　　　（b）土条详图

图 4.20 圆弧条分法稳定计算图

①—下游坝坡；②—浸润线；③—下游水位；④—建基面；⑤—滑动线

2）土条重量 W_i。计算抗滑力时，浸润线以上部分采用湿重度，浸润线以下部分用浮
重度。

$$W_i = [\gamma_1 h_1 + \gamma_3 (h_2 + h_3) + \gamma_4 h_4]b \tag{4.35}$$

式中　　γ_1、γ_3、γ_4——该土条中对应土层的重度；

h_1、h_2、h_3、h_4——相应的土层高度。

3）土条底部的总切向力 T_i

$$T_i = (c_i' l_i + N_i \tan\varphi_i)/K \tag{4.36}$$
$$l_i = b_i/\cos\alpha_i \tag{4.37}$$

式中　c_i'——土条有效应力抗剪强度指标，kPa；

　　　N_i——土条底部的总切向力，kN；

　　　φ_i——土条有效应力抗剪强度指标，土条底面的内摩擦角，（°）；

　　　α_i——条块重力线与通过此条块底面中点的半径之间的夹角，（°）。

4）安全系数。计算公式为

$$K = \frac{\sum\left\{\left[(W\pm V)\sec\alpha - ub\sec\alpha\right]\tan\varphi' + c'b\sec\alpha\right\}\dfrac{1}{1+\dfrac{\tan\alpha\tan\varphi'}{K}}}{\sum\left[(W\pm V)\sin\alpha + \dfrac{M_C}{R}\right]} \tag{4.38}$$

式中　W——土条重量，kN；

　　　V——垂直地震惯性力（向上为负，向下为正），kN；

　　　u——作用于土条底面的孔隙水压力，kN/m；

　　　α——条块重力线与通过此条块底面中点的半径之间的夹角，（°）；

　　　b——土条宽度，m；

　　　c'——有效应力抗剪强度指标，土条底面的凝聚力，kPa；

　　　φ'——有效应力抗剪强度指标，土条底面的内摩擦角，（°）；

　　　M_C——水平地震惯性力对圆心的力矩，kN·m；

　　　R——圆弧半径，m。

试算开始时取 $K=1$，用公式计算出新的 K。把新的 K 代入公式得到下一个 K，如此循环迭代，一般 3～4 次即可收敛，取收敛以后的结果作为该滑弧的稳定安全系数。

（2）最危险圆弧位置的确定。上述稳定分析中的滑弧圆心和半径都是任意选取的，因此计算所得的 K 值只能代表该滑动面的稳定安全度。而稳定计算则要求出最小安全系数以及相应的滑动面，为此需要经过多次试算才能确定。如何能用最少的试算次数，寻找到最小的安全系数，过去有不少学者进行过研究，下面介绍适合均质坝的两种常用方法。

1）$B.B$ 方捷耶夫法（两线一点扇形四边形法）。$B.B$ 方捷耶夫最小安全系数的滑弧圆心在扇形 $bcdf$ 范围内，如图 4.21 所示。

此扇形面积的两个边界为由坝坡中点 a 作一铅垂线，并由该点作另一直线与坝面成 85°角（倾向坡脚）；以 a 点为圆心，用 $R_内$ 及 $R_外$ 为半径，分别作弧，交以上两直线成扇形；$R_内$、$R_外$ 之值随坡度而变，可由表 4.5 查得。

表 4.5　　　　　　　　　　　　　$R_内$、$R_外$ 值 表

坝坡		1:1	1:2	1:3	1:4	1:5	1:6
$\dfrac{R}{H}$	$R_内$	0.75	0.75	1.0	1.5	2.2	3.0
	$R_外$	1.50	1.75	2.30	3.75	4.80	5.50

2）费兰钮斯法（两点一线，延长线法）H 为坝高，定出下 $2H$，距坝趾以内 $4.5H$ 之点定为 M_1 点；从坝址 B_1 和坝顶 A 作 AM_2 和 B_1M_2 两直线，其交点为 M_2，此两线的方向按角 β_2 和 β_1 确定，两角之值随坡度而变，可由表4.6查得，M_1M_2 并延长，则所寻找的最危险滑弧圆心位于 M_1M_2 的延长线附近。

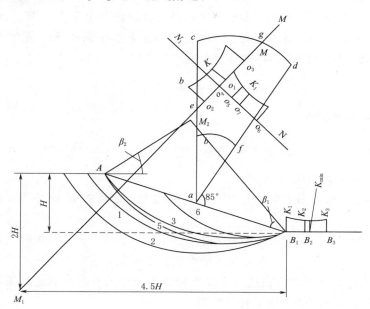

图 4.21　寻求最危险滑弧位置示意图

表 4.6 $\qquad\qquad\qquad$ $\pmb{\beta_2}$、$\pmb{\beta_1}$　值　表

坝　坡	1 : 1.5	1 : 2	1 : 3	1 : 4
$\beta_1/(°)$	26	25	25	25
$\beta_2/(°)$	35	35	35	36

3）最危险滑弧试算以上两种方法，适用于均质坝，其他坝型也可参考。实际运用时，常将二者结合应用，即认为最危险的滑弧圆心在扇形面积中 eg 线附近，并按以下步骤计算最小的安全系数。

a. 在 eg 线上选取 O_1、O_2、O_3、…、为圆心，分别作通过 B_1 点的滑弧并计算各自的安全系数 K，按比例将 K 值标在相应的圆心上，连成曲线找出相应最小 K 的圆心，例 O_4 点。

b. 通过 eg 线上 K 最小的点 O_4，作 eg 的垂线 N_1-N，在 N_1-N 线上选 O_5、O_6、…、为圆心，同样分别过 B_1 点作滑弧，找出最小的安全系数 K_1，标在 B_1 点的上方。

c. 根据坝基土质情况，在坝坡或坝趾外再选 B_2、B_3、…，同上述方法求出最小安全系数 K_2、K_3…，分别按比例标在 B_2、B_3 点的上方；连接标注 K_1、K_2、K_3、…，画 K 曲线，曲线上的最小值，即为所求坝坡的最小安全系数 $K_{\min}$。

（3）折线滑动面法。对于非黏性土的坝坡，如心墙坝坝坡、斜墙坝的下游坝坡以及斜墙上游保护层连同斜墙一起滑动时，常形成折线滑动面。稳定分析可采用折线滑动静力计算法或滑楔法进行计算。

以下对非黏性土坡滑动的情况进行分析。

以图 4.22 所示心墙坝的上游坝坡为例，假定任一滑动面 ADC、D 点在上游水位延长线上。将滑动土体分为 $DEBC$ 和 ADE 两块，各块重量分别计为 W_1、W_2，两块土体底面的抗剪强度分别为 φ_1、φ_2。采用折线滑动静力计算法，假定条块间作用力为 P_1，其方向平行于 DC 面。则 $DEBC$ 土块的平衡式为

$$P_1 - W_1 \sin\alpha_1 + \frac{1}{K_c} W_1 \cos\alpha_1 \tan\varphi_1 = 0 \tag{4.39}$$

ADE 土块的平衡式为

$$\frac{1}{K} W_2 \cos\alpha_2 \tan\varphi_2 + \frac{1}{K} P_1 \sin(\alpha_1 - \alpha_2) \tan\varphi_2 - W_2 \sin\alpha_2 - P_1 \cos(\alpha_1 - \alpha_2) = 0 \tag{4.40}$$

式中，α_1、α_2 意义如图 4.22 所示。

考虑各滑动面上抗剪强度发挥程度一样，两式中安全系数 K 应相等，因此可联立方程求解 K。

为求得坝坡的实际稳定安全系数，需假定不同的 α_1、α_2 和上游水位。计算时可先求出在某一水位和 α_2 下不同 α_1 值对应的最小稳定安全系数，然后在同一水位下再假定不同的 α_2 值，重复上述计算可求出在这种水位下的最小安全系数。一般还必须再假定两个水位，才能最后确定坝坡的最小稳定安全系数。

（4）复合滑动面法。当滑动面通过不同土料时，还会出现直线与圆弧组合的复合滑动面型式。如坝基内有软弱夹层时，也可能产生如图 4.23 所示的滑动面。

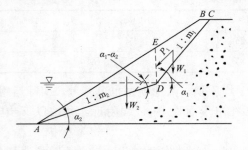

图 4.22　非黏性土坝坡稳定计算

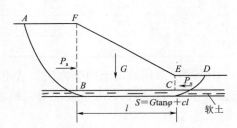

图 4.23　复合滑动面稳定计算

计算时，可将滑动土体分为 3 个区，取 $BCEF$ 为隔离体，其左侧受到土体 AFB 的主动土压力 P_a（假定方向水平），右侧受到 ECD 的被动土压力 P_a（也假定方向水平），同时在脱离体底部 BC 面上有抗滑力 S。

当土体处于极限平衡时，BC 面上的最大抗滑力为

$$S = G\tan\varphi + cl \tag{4.41}$$

式中　G——脱离体 $BCEF$ 的重量；

　　　φ、c——软弱夹层的强度指标。

此时坝体连同坝基夹层的稳定安全系数为

$$K = \frac{P_n + s}{P_a} = \frac{P_n + G\tan\varphi + cl}{P_a} \qquad (4.42)$$

式中，P_a 和 P_n 可用条分法计算，也可按朗肯或库伦土压力公式计算。最危险滑动面需通过试算确定。

7. 提高土石坝稳定性的工程措施

土石坝产生滑坡的原因往往是由于坝体抗剪强度太小，坝坡偏陡，滑动土体的滑动力超过抗滑力，或由于坝基土的抗剪强度不足因而会连同坝体一起发生滑动。滑动力大小主要与坝坡的陡缓有关，坝坡越陡，滑动力越大。抗滑力大小主要与填土性质、压实程度以及渗透压力有关。因此，在拟定坝体断面时，如稳定复核安全性不能满足设计要求，可考虑从以下几个方面来提高坝坡抗滑稳定性。

(1) 提高填土的填筑标准。采用较高的填筑标准可以提高填筑料的密实性，使之具有较高的抗剪强度。因此，在压实功能允许的条件下，提高填土的填筑标准可提高坝体的稳定性。

(2) 坝脚加压重。坝脚设置压重后既可增加滑动体的重量，同时也可增加原滑动土体的抗滑力，因而有利于提高坝坡稳定性。

(3) 加强防渗排水措施。通过采取合理的防渗、排水措施可进一步降低坝体浸润线和坝基渗透压力，从而降低滑动力，增加其抗滑稳定性。

(4) 加固地基。对于由地基引起的稳定问题，可对地基采取加固措施，以增加地基的稳定，从而达到增加坝体稳定的目的。

学习小结

请用思维导图对知识点进行归纳总结。

学习测试

根据所学知识，回答以下问题：

（1）土石坝常见的滑动破坏形式有哪些？

（2）工程中常用的均质土石坝坝坡稳定分析方法是（ ）。

A. 圆弧滑动法　　　　B. 折线法　　　　C. 直线法　　　　D. 有限元法

技能训练

段村水库土石坝的筑坝土料为中粉质壤土，坝体渗透系数为 1.2×10^{-5} cm/s，排水设施采用棱体排水，棱体排水设施渗透系数为 6.1×10^{-3} cm/s；坝体土料设计指标为：$\varphi = 20.1°$，$C = 15$ kPa，湿重度 $= 19.5$ kN/m³，浮重度 $= 10.5$ kN/m³，饱和重度 $= 20.5$ kN/m³，试求上游为正常高水位（水深 $H_1 = 27.52$ m），下游无水（假设下游水位与地基平）时，上、下游坝坡的稳定安全系数。段村水库正常水位下渗流及下游坝坡稳定计算图如图 4.24 所示。

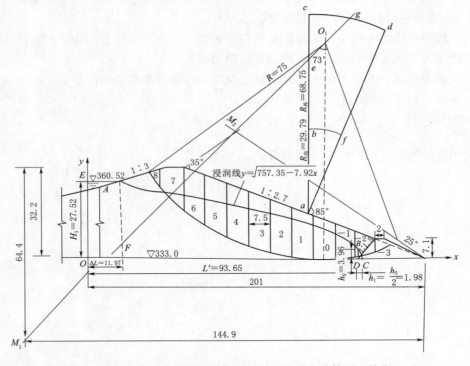

图 4.24　段村水库正常水位下渗流及下游坝坡稳定计算图（单位：m）

计算步骤：

（1）确定最危险滑弧所对应圆心的范围。利用 B.B 方捷耶夫法和费兰纽斯法确定最危险滑弧所对应圆心的范围。

（2）确定滑动土体。取任意一点 O 为圆心，以 R 为半径，画圆弧。圆弧与坝坡、坝顶交点之间的部分为滑动土体。

（3）条分。土条宽度为 b，从圆心作垂线为 0 号土条的中心线，依次向上、下游对滑动土体进行分条（具体计算时，可以仅画出土条的中心线）。

（4）对土条编号。从 0 号土条开始，向上依次为 1，2，3，…土条；向下依次为 −1，−2，…土条。

（5）计算各个土条的作用力。土条的受力包括自重、渗透动水压力、土条底部的总应力等荷载，一般列表计算。

（6）计算抗滑力矩 M_r 和滑动力矩 M_s。计算各个土条作用力对圆心 O 产生的抗滑力矩 M_r 和滑动力矩 M_s。

（7）利用式（4.36）计算抗滑稳定安全系数 K。

重复上述方法求出最小全系数 K_{min}，并与表 4.3 规定的坝坡抗滑稳定最小安全系数比较，判断该坝在此种计算情况下的坝坡稳定性。

坝坡的稳定分析还可以利用软件计算，具体计算方法、步骤见数字资源。

土石坝稳流计算案例

项目5 溢洪道设计

案例

黄河小浪底水利枢纽建筑物包括大坝、泄洪洞、排沙洞、发电引水隧洞、电站厂房、电站尾水洞、溢洪道和灌溉引水洞。溢洪道分正常溢洪道和非常溢洪道。非常溢洪道位于桐树岭以北宣沟与南沟分水岭处，为自溃式坝溢洪道，堰底高程268m，底宽100m，边坡1∶0.8，心墙堆石坝挡水，坝顶高程280m，泄水前将坝体爆一缺口，泄水入南沟。

根据地形地质条件，小浪底正常溢洪道采用正槽溢洪道，位于泄水洞群以北，由进口引渠、控制闸、泄槽、挑流鼻坎四部分组成。闸室底板高程258m，闸室共3孔，每孔净宽11.5m，工作门为弧形门，尺寸为11.5m×17.5m（宽×高）。

进水渠非对称结构的喇叭口，左岸长68m，右岸长58m，并设置半径为6.4m的圆弧翼墙。顺水流方向，进水渠的宽度逐渐减小宽至47.3m（与控制段同宽），如图5.1和图5.2所示。进水渠底板采用0.5m厚的现浇钢筋混凝土，底板分块为13m×15m左右，设伸缩缝，缝间不设止水，只涂刷两层热沥青，以防止施工时相邻浇筑块的黏结。边墙采用钢筋混凝土衬砌，厚度分别为0.6m和1.0m，设置竖向伸缩缝，缝间不设止水，也涂刷

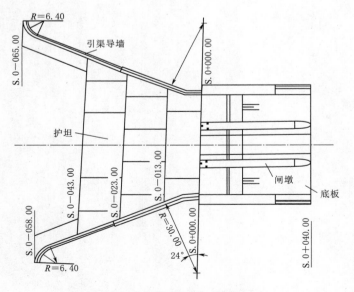

图5.1　进水渠平面图（单位：m）

两层热沥青。边墙与底板采用分离式结构，为了增加衬砌的稳定性，设置锚筋锚固，锚筋采用 φ25@1.5m。为防止库水位降落时，能尽快释放岩体中的裂隙水，降低混凝土护面上的渗水压力，护面设有排水孔，间距为 1.5m×2m，并伸入基岩 2m。

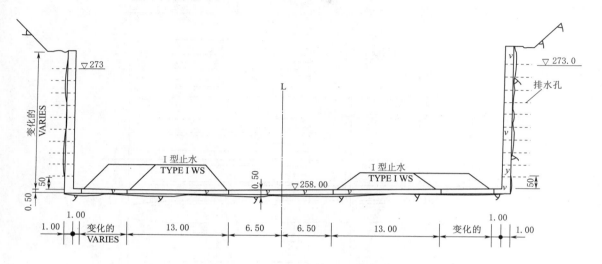

图 5.2 进水渠断面图（单位：m）

溢洪道控制段长 40m，宽 47.3m，高 22m，共分 3 孔，每孔宽 11.5m，闸墩厚 3.2m，底板厚 3.0m，采用弧形闸门，门高 17.5m。闸室结构采用双 "U" 形加中底板形式，并在 "U" 形结构与中底板间设置结构缝。闸墩顶部上游侧设交通桥、下游侧设工作桥，如图 5.3 和图 5.4 所示。控制段采用近似宽顶堰的折线堰。

泄槽段（桩号 0＋040.00～0＋915.72）紧接闸室布置，末端与挑流鼻坎相接。泄槽纵坡的确定根据泄槽内水流平顺、水面线平稳的原则，并结合地形尽可能减少开挖和回填的工程量。泄槽段分两段，泄槽一段底坡为 0.1，泄槽二段底坡为 0.04，在变坡处用抛物线连接，分缝处平顺连接，尽量消除凸坎，以使表面光滑平整，不致引起负压和空蚀；同时，在所有的接缝处均设置了止水和底板排水，以防扬压力增大引起结构失稳或破坏；混凝土结构设有纵、横缝，横缝间距一般为 15m，纵缝共有 3 道，间距为 13m。泄槽在结构上可分为底板及边墙两部分，其中边墙又有直立边墙及重力式挡土墙两种形式。泄槽边墙采用具有抗冲耐磨性能的混凝土衬砌，并严格控制平整度。

扩散消能段（桩号 0＋915.72 之后），挑流消能。挑流鼻坎采用舌弧形与平面不对称扩散相结合的体形，该体形具有水舌横向扩散、纵向拉开、消能充分等特点。反弧半径 12m，最大挑角 37°，右边扩散 2m。考虑其抗滑稳定要求，边墙与底板采用整体式，边墙厚 2m，反弧底板厚 3.4～6.7m。过水表面 0.5m 厚度范围全部采用高强度混凝土衬砌，其余部分采用 C25 混凝土。挑坎段底板的上、下游端均设齿槽嵌入基岩。其体形详见图 5.5。

正常溢洪道
总平面图

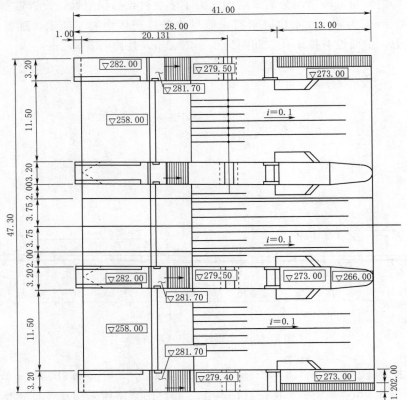

图 5.3 控制闸结构平面图（单位：m）

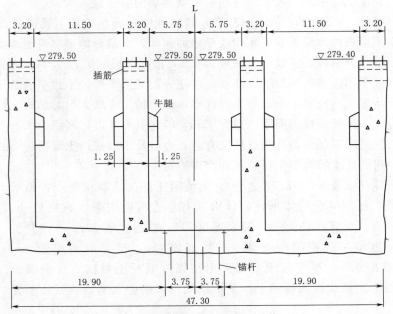

图 5.4 控制闸结构横断面图（单位：m）

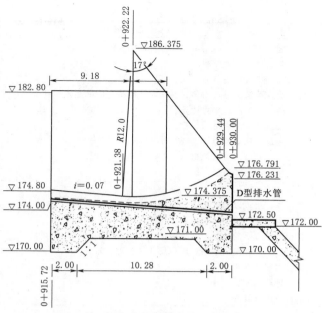

图 5.5　挑流鼻坎纵断面图（单位：m）

任务书

溢洪道设计任务书

项 目 名 称		溢洪道设计	参考课时/天
学习型工作任务		溢洪道总体布置	2.0
		水力设计	3.0
		结构设计	3.0
		溢洪道地基及边坡处理	1.0
		绘制设计图，整理设计报告	1.0
教学内容		（1）溢洪道分类。 （2）溢洪道的选线。 （3）溢洪道的各部分尺寸拟定及布置。 （4）溢洪道水力计算，包括泄流能力校核、泄槽边墙高程确定、消能防冲设计。 （5）细部构造设计。 （6）结构设计。 （7）地基处理	
教学目标	素质	（1）激发学习兴趣，培养创新意识。 （2）树立追求卓越、精益求精的岗位责任，培养工匠精神。 （3）传承大禹精神、红旗渠精神、抗洪精神、愚公移山精神，增强职业荣誉感	
	知识	（1）掌握溢洪道的分类、组成以及各个组成部分作用。 （2）掌握不同类型控制堰的特点、适用条件。 （3）掌握溢洪道各种消能方式的特点、适用条件。 （4）掌握溢洪道进水渠、控制段、泄槽、消能型式的各部分尺寸计算（估算）方法。 （5）熟悉溢洪道水力内容，掌握水力计算方法。 （6）熟悉溢洪道结构计算内容，掌握结构计算方法。 （7）掌握溢洪道地基及边坡处理方法	

项 目 名 称		溢洪道设计	参考课时/天
教学目标	技能	（1）能根据地形、地质条件选择合适的溢洪道。 （2）会选择合适的控制堰。 （3）会选择合理的消能方式。 （4）会计算溢洪道进水渠、控制段、泄槽、消能型式的各部分尺寸。 （5）会进行溢洪道水力计算。 （6）会进行溢洪道结构计算。 （7）会进行地基及边坡处理设计。 （8）会编制溢洪道设计报告。 （9）会绘制溢洪道设计图	
教学 任务与 实施	教学任务： （1）溢洪道的分类、组成以及各个组成部分作用。 （2）不同类型控制堰的特点、适用条件。 （3）溢洪道各种消能方式的特点、适用条件。 （4）溢洪道进水渠、控制段、泄槽、消能型式的各部分布置。 （5）溢洪道水力内容、方法。 （6）溢洪道结构计算内容、方法。 （7）溢洪道地基及边坡处理 教学实施： 　　对某土石坝水利工程实地考察参观，进行溢洪道设计		
	项目成果	（1）溢洪道设计报告。（2）溢洪道设计图	
	技术规范	《溢洪道设计规范》（SL 253—2000）	

任务5.1　溢洪道的总体布置

导向问题

（1）小浪底水利枢纽的正常溢洪道是正槽式岸边溢洪道，你知道的溢洪道还有什么类型？

（2）正槽式溢洪道由哪几部分组成？

（3）小浪底水利枢纽的溢洪道控制段采用什么型式的控制堰？有几孔？每孔宽度是多少？如何确定？

（4）小浪底水利枢纽溢洪道泄水槽的底坡坡度、宽度分别是多少？如何选择？

（5）小浪底水利枢纽溢洪道消能方式采用什么型式？为什么？

相关知识

5.1.1　溢洪道型式的选择

前坪水库
溢洪道

　　岸边溢洪道可以分为正常溢洪道和非常溢洪道。正常溢洪道的泄洪能力，应满足设计洪水标准的要求；非常溢洪道用于宣泄出现概率较低的特大洪水。

　　正常溢洪道又可分为正槽溢洪道、侧槽溢洪道、井式溢洪道、虹吸溢洪道和滑雪道式溢洪道、溢洪洞等。溢洪道的型式应根据地形、地质、枢纽布置、坝型、施工、生态与环境、运行管理及经济指标等因素，经技术经济比较选定。此外，溢洪道的布置应注意协调泄洪、发电、航运、排漂、过鱼、生态、供水及灌溉等建筑物在布置上的矛盾，避免相互干扰，并兼顾建筑景观要求。应避免开挖形成高边坡，且应避开冲沟、崩塌体及滑坡体。

1. 正槽溢洪道

溢洪道由进水渠（进口引渠）、控制段（控制堰）、泄槽、消能防冲设施（消能段）及出水渠等建筑物组成。

正槽溢洪道（图 5.6）的泄槽轴线与溢流堰轴线正交，过堰水流方向与泄槽轴线方向一致。水流平顺，超泄洪水能力大，结构简单，运用安全可靠，是一种采用最多的河岸溢洪道型式。

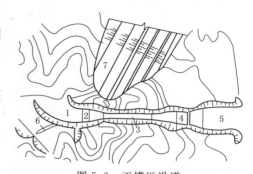

图 5.6 正槽溢洪道
1—进水渠；2—溢流堰；3—泄槽；4—消力池；
5—出水渠；6—非常溢洪道；7—土石坝

2. 侧槽溢洪道

侧槽溢洪道（图 5.7）的泄槽轴线与溢流堰的轴线接近平行，即水流过堰后，在侧槽段的极短距离内转完 90°，再经泄槽泄入下游。侧槽溢洪道多设置于较陡的岸坡上，大体沿等高线设置溢流堰和泄槽，易于加大堰顶长度，减少溢流水深和单宽流量，不需大量开挖山坡，但侧槽内水流紊动和撞击都很剧烈。因此，对两岸山体的稳定性及地基的要求很高。

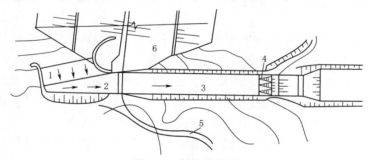

图 5.7 侧槽溢洪道
1—溢流堰；2—侧槽；3—泄水槽；4—出口消能段；5—上坝公路；6—土石坝

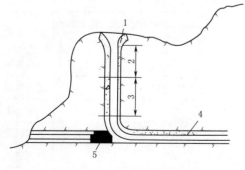

图 5.8 井式溢洪道
1—喇叭口；2—渐变段；3—竖井段；
4—隧洞；5—混凝土塞

3. 井式溢洪道

井式溢洪道（图 5.8）适用于岸坡陡峭、地质条件良好、又有适宜地形的情况。可以避免大量的土石方开挖，造价可能较其他溢洪道低，但当水位上升，喇叭口溢流堰顶被淹没，堰流转变为孔流，超泄能力较小。当宣泄小流量，井内的水流连续性遭到破坏时，水流不稳定，易产生震动和空蚀。我国目前较少采用。

4. 虹吸溢洪道

虹吸溢洪道（图 5.9）可自动泄水和停止泄

水，能比较灵活地自动调节上游水位，在较小的堰顶水头下能得到较大的泄流量，但结构复杂，施工检修不便，进口易堵塞，管内易空蚀，超泄能力小。一般用于水位变化不大和需随时进行调节的中小型水库及发电和灌溉的渠道上。

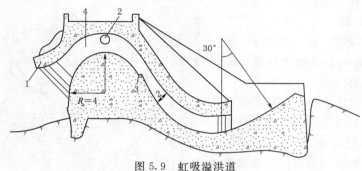

图 5.9 虹吸溢洪道

1—遮檐；2—通气孔；3—挑流坎；4—曲管

5. 滑雪道式溢洪道

滑雪道式溢洪道是进口控制段位于坝顶，通过泄槽将水流挑射到远离坝脚处排入河道的开敞式溢洪道。滑雪道式溢洪道多应用于拱坝，拱坝两岸坝肩山势陡峻，当受工程布置所限或坝址处地形地质不具备消能条件等不允许近坝泄洪，或需将部分泄量远离坝脚时，可考虑采用坝身（顶）进水后接泄槽和不同的消能工，使水流远离坝脚的滑雪式溢洪道。

6. 溢洪洞

溢洪洞是在岸边山体内全部或部分为隧洞，下泄水流全程具有自由表面的溢洪道。在缺少合适垭口布置溢洪道的高山峡谷区，采用岸边溢洪道有时会造成大开挖、形成高边坡，对工程投资、环境保护不利。此时为利用溢洪道超泄能力强的特点，又希望减少工程开挖，可采用溢洪洞布置。溢洪洞采用开敞式进水口，泄槽（有时包括进口控制段或出口消能建筑物的部分或全部）为明流隧洞，隧洞出口接明槽或直接接出口消能段。

溢洪道选型应根据地形、地质、枢纽布置、运行管理、经济指标等因素，经技术经济比较选定。我国部分水利枢纽采用岸边溢洪道典型工程情况见表 5.1。

表 5.1　　　　　　　　　　　　　岸边溢洪道典型工程情况

序号	工程名称	坝　型	最大坝高/m	溢洪道型式	最大泄量/(m³/s)	泄槽最大单宽泄量/[m³/(s·m)]	消能型式
1	糯扎渡	心墙堆石坝	261.5	正槽式溢洪道	31318	232.2	挑流消能
2	水布垭	混凝土面板堆石坝	233	正槽式溢洪道	18320	229	挑流消能
3	瀑布沟	砾石土心墙坝	186	正槽式溢洪道	6941	204	挑流消能
4	洪家渡	混凝土面板堆石坝	179.5	溢洪洞	4591	328	挑流消能
5	滩坑水电站	混凝土面板堆石坝	162	正槽式溢洪道	14335	165	挑流消能
6	引子渡	混凝土面板堆石坝	130	正槽式溢洪道	8386	229.75	挑流消能
7	大岩坑	混凝土面板堆石坝	76.8	侧槽式溢洪道	522	13.1	挑流消能

序号	工程名称	坝　　型	最大坝高/m	溢洪道型式	最大泄量/(m³/s)	泄槽最大单宽泄量/[m³/(s·m)]	消能型式
8	玉滩	沥青混凝土心墙石渣坝	42.7	侧槽式溢洪道	3569	81.1	底流消能
9	小浪底	壤土斜心墙堆石坝	154	正槽式溢洪道	3764	—	挑流消能

5.1.2　溢洪道布置一般要求

河岸溢洪道的布置，应根据地形、地质、枢纽布置、坝型、施工、生态与环境、运行管理及经济指标等因素，经技术经济比较选定；还应结合枢纽总体布置全面考虑，应注意协调泄洪、发电、航运、排漂、过鱼、生态、供水及灌溉等建筑物在布置上的矛盾，避免相互干扰，并兼顾建筑景观要求。

在具备合适的地形、地质条件时，正常溢洪道和非常溢洪道宜分开布置；正常溢洪道泄洪能力不小于设计洪水标准下溢洪道应承担的泄量。

溢洪道位置应选择有利的地形和地质条件，根据地形、地质条件布置在岸边或垭口，尽量避免深开挖而形成高边坡，以免造成边坡失稳或处理困难；溢洪道轴线一般宜取直线，如需转弯时，应尽量在进水渠或出水渠段内设置弯道。溢洪道应布置在稳定的地基上，并考虑岩层及地质构造的性状，还应充分注意建库后水文地质条件的变化对建筑物及边坡稳定的影响。溢洪道应布置在稳定的地基上，并应考虑岩体结构特征和地质构造，以及建库后水文地质条件的变化对建筑物及边坡稳定的不利影响。溢洪道靠近坝肩时，其布置及泄流不得影响坝肩及岸坡的稳定。在土石坝枢纽中，与大坝连接的接头、导墙、泄槽边墙等应安全可靠。溢洪道布置应使水流顺畅，轴线宜取直线。如需转弯，弯道宜设置在进水渠或出水渠段内。溢洪道应合理选择泄洪消能工布置和泄洪消能型式，其出口水流应与下游河道平顺衔接，避免下泄水流对坝址下游河床和岸坡的严重淘刷、冲刷以及河道淤积，影响枢纽其他建筑物的正常运行。

溢洪道进、出口的布置，应使水流顺畅。进口不宜距土石坝太近，以免冲刷坝体；出口水流应与下游河道平顺连接，避免下泄水流对坝址下游河床和河岸的淘刷、冲刷以及河道的淤积，保证枢纽中的其他建筑物正常运行。当其靠近坝肩时，其布置及泄流不得影响坝肩及岸坡的稳定，与土石坝连接的导墙、接头、泄槽边墙等必须安全可靠。

从施工条件考虑，溢洪道进出口应便于出渣路线及堆渣场所的布置，尽量避免与其他建筑物施工相互干扰。

5.1.3　进水渠布置

进水渠的作用是将水库的水平顺地引向溢流堰。进水渠平面布置应使进水顺畅，避免断面突然变化和水流流向的急转弯。

进水渠布置应选择有利地形、地质条件；选择轴线方向时，应使进水顺畅、流态良好；渠道较长且控制段前设置渐变段时，渐变段长度视流速等条件确定，不宜小于 2 倍堰前水深；渠道转弯时，轴线转弯半径不宜小于 4 倍渠底宽度，溢流堰前宜设置长度不小于

2 倍堰上水头的直线段。

进水渠底宽为等宽或设顺水流方向收缩，进水渠首、末端底宽之比为 1∶1～1∶3，渠道设计流速一般采用 3～5m/s。流速过大，水头损失大，影响溢洪道的泄流能力；流速过小，需要的断面尺寸大，工程量大。一般情况下，岩基上进水渠的横断面接近矩形，边坡根据稳定要求确定，新鲜岩石一般为 1∶0.1～1∶0.3，风化岩石可用 1∶0.5～1∶1.0；在土基上采用梯形断面，边坡一般选用 1∶1.5～1∶2.5。渠底可以不衬砌，当水头损失比较大、渠内水流速度大时，渠底可以用干砌石、浆砌石、混凝土等材料衬砌。

进水渠与控制段连接处应与溢流前缘等宽。底板宜为平底或坡度不大倾向上游的反坡。

进水渠与控制段之间设置连接段。连接段导墙的型式直接影响泄洪时水流流态的稳定和溢洪道的泄洪能力，以及工程量的大小、工程的经济性等，应根据不同地形"因地制宜，因势利导"，采用圆弧式、扭曲面、反翼墙、八字形翼墙等型式，使进流均匀，从而有效提高溢洪道泄流能力。

当进口布置在垭口时，溢洪道面临水库，不需要进水渠时宜布置成对称或基本对称的喇叭口型式，使水流平顺流入溢流堰前；当进口布置在坝肩时，靠坝一侧应设置顺应水流的曲面导水墙，靠山一侧宜开挖、衬护成规则曲面，如图 5.10 所示。

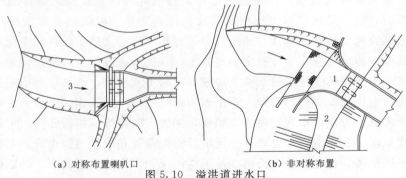

（a）对称布置喇叭口　　　　　（b）非对称布置

图 5.10　溢洪道进水口

1—喇叭口；2—土石坝；3—进水渠

进水渠断面尺寸拟定计算见表 5.2。

表 5.2　　　　　　　　　　　　　　进水渠断面尺寸计算表

水位/m	泄量 Q/(m³/s)	渠道流速 v/(m/s)	渠道水深 H/m	渠道底宽 B/m	计算公式（渠道流速 v）
设计					$Q=vA,A=(B+mh)h$
校核					

5.1.4　控制段

溢洪道的控制段包括溢流堰及两侧连接建筑物，它是控制溢洪道泄流能力的关键部位。控制堰的布置应满足：①统筹考虑进水渠、泄槽、消能防冲设施及出水渠的总体布置要求；②控制段对地基承载力、稳定性、抗渗性及耐久性的要求；③便于对外交通和两侧建筑物布置；④控制堰靠近坝肩时，应与大坝布置相协调；⑤便于防渗系统布置，使堰与两岸或大坝的止水、防渗、排水系统形成整体。

1. 控制段堰型确定

溢流堰通常选用宽顶堰、实用堰，有时也用驼峰堰、折线形堰。溢流堰的体形应尽量满足增大流量系数，在泄流时不产生空蚀流态或诱发振动的负压等。

（1）宽顶堰（图 5.11）。宽顶堰（$5H<\delta<10H$）的特点是结构简单，施工方便，但流量系数较低。由于宽顶堰荷载小，对承载力较差的土基适应能力较强，因此，在泄量不大或附近地形较平缓的中、小型工程中应用较广。为了提高抗冲能力，宽顶堰的堰顶通常需进行衬砌。对于中小型工程，若基岩有足够的抗冲能力，也可以不衬砌，但应考虑开挖后岩石表面不平整对流量系数的影响。

（2）实用堰（图 5.12）。实用堰（$0.67H<\delta<2.5H$）与宽顶堰比较，实用堰的流量系数比较大，在泄量相同的条件下需要的溢流宽度较窄，工程量相对较小，但施工较复杂。大、中型水库，特别是岸坡较陡时，多采用这种形式。溢洪道中的实用堰一般都比较低矮，其流量系数介于溢流重力坝和宽顶堰之间。实用堰的泄流能力与其上下游堰高、定型设计水头、堰面曲线形式等因素有关。

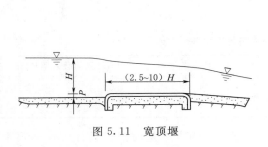

图 5.11 宽顶堰

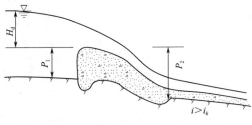

图 5.12 实用堰

（3）驼峰堰。驼峰堰是一种复合圆弧的溢流低堰，堰面由不同半径的圆弧组成。其流量系数可达 0.42 以上，设计与施工简便，对地基的要求低，适用于软弱地基。驼峰堰断面示意图如图 5.13 所示，驼峰堰体型参数见表 5.3。

表 5.3 　　　　　　　　　　　　　驼峰堰体型参数

类　型	上游堰高 P_1	中圆弧半径 R_1	上、下圆弧半径 R_2	总长度 L
a 型	$0.24H_d$	$2.5P_1$	$6P_1$	$8P_1$
b 型	$0.34H_d$	$1.05P_1$	$4P_1$	$6P_1$

（4）折线形堰。为获得较长的溢流前沿，在平面上将溢流堰做成折线形，称为折线形堰。

堰的型式应根据地形地质条件、水力条件、运用要求及技术经济指标等比较选定，宜选用开敞式溢流堰。堰型可选用开敞或带胸墙孔口的实用堰、宽顶堰、驼峰堰等型式。

2. 控制段孔口尺寸的确定

（1）堰顶高程。中、小型水库溢洪道，特别是小型水库溢洪道常不设闸门，堰顶高程就是水

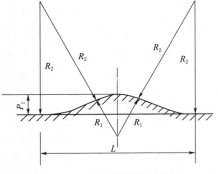

图 5.13 驼峰堰断面示意图

库的正常蓄水位；溢洪道设闸门时，堰顶高程就可以低于水库的正常蓄水位。堰顶是否设置闸门，应从工程安全、洪水调度、水库运行、工程投资等方面论证确定。侧槽式溢洪道的溢流堰一般不设闸门。

（2）孔口宽度。控制段的孔口宽度需要满足大坝泄流的要求。

1）不设闸门：堰顶高程为水库的正常蓄水位，控制段的孔口净宽按式（5.1）拟定。式（5.1）适用于非淹没出流。

$$Q = \varepsilon m B \sqrt{2g} H_0^{\frac{3}{2}} \tag{5.1}$$

式中　H_0——包括行近流速水头的堰上水头，m；

　　　B——溢流前沿宽度，m；

　　　m——流量系数；

　　　ε——闸墩侧收缩系数，初拟时假定侧收缩系数为 0.90；

　　　Q——流量，m^3/s。

控制段的孔口净宽由式（5.1）分别按设计、校核工况计算，计算结果列表表示，见样表 5.4。

表 5.4　　　　　　　　控制段孔口净宽计算表（忽略行近水头$v^2/2g$）

计算情况	水位/m	流量/(m³/s)	堰上水头 H_0/m	溢流前沿宽度 B/m
设计洪水位				
校核洪水位				

2）带有闸门的宽顶堰。先确定单宽流量。单宽流量的大小是溢洪道设计中一个很重要的控制性指标。单宽流量一经选定，就可以初步确定控制段的净宽和堰顶高程。单宽流量越大，下泄水流的动能越集中，消能问题就越突出，下游局部冲刷会越严重，但溢洪道溢流前缘短，对枢纽布置有利。因此，一个经济而又安全的单宽流量，必须综合地质条件、下游河道水深、枢纽布置和消能工设计等多种因素，通过技术经济比较后选定。工程实证明对于软弱岩石常取 $q=20\sim50 \mathrm{m^3/(s \cdot m)}$；中等坚硬的岩石取 $q=50\sim100 \mathrm{m^3/(s \cdot m)}$；特别坚硬的岩石取 $q=100\sim150 \mathrm{m^3/(s \cdot m)}$；地质条件好、堰面铺铸石防冲、下游尾水较深和消能效果好的工程，可以选取更大的单宽流量。其次，初步确定溢流坝段的净宽。最后，确定溢洪道控制段底板高程。

当闸门全开时，溢洪道下泄水流为非淹没堰流时，仍按式（5.1）估算出堰上水头，用计算情况水位减去堰上水头，即可知道堰顶高程。

（3）孔口总宽。设有闸门的溢洪道，需要用闸墩将控制段总净宽分为若干个孔口，若单孔宽度为 b，则孔数 $n=B/b$，闸墩厚度为 d，则控制段的总宽 B_0 为

$$B_0 = nb + (n-1)d$$

（4）泄流能力校核。根据孔口尺寸、闸墩侧收缩系数、流量系数，利用式（5.1）分别计算设计、校核洪水位情况下溢洪道的泄流量，分别与相应的计算情况对比，相对误差在 ±5% 以内，孔口尺寸合适；否则，需要重新拟定。

（5）闸墩尺寸确定。闸墩的主要作用是间隔闸室、支承闸门和启闭设备、支承工作和

交通桥梁等。

闸墩体型设计的关键在两端，头部主要影响侧向收缩，尾部主要影响下游流态。闸墩的外形轮廓应能满足过闸水流平顺、侧向收缩小，过流能力大的要求。墩头可采用半圆形、圆弧形、椭圆曲线、三圆弧曲线、方形等形式，如图 5.14 所示。

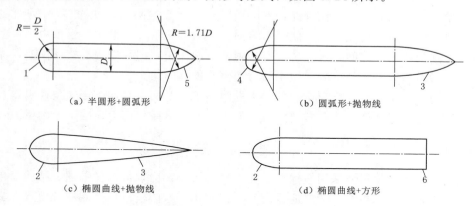

（a）半圆形+圆弧形　　　　　　　　　　　（b）圆弧形+抛物线

（c）椭圆曲线+抛物线　　　　　　　　　　（d）椭圆曲线+方形

图 5.14　闸墩墩头形状

1—半圆曲线；2—椭圆曲线；3—抛物曲线；

4—三圆弧曲线；5—圆弧曲线；6—方形

闸墩的墩顶高程一般与坝顶高程一致。

闸墩厚度与闸孔孔径、闸门型式有关。平面闸门需设置闸门槽，如图 5.15 所示，工作闸门槽深度 0.5～2.0m，宽 1～4m，门槽处的闸墩厚度不得小于 1m，以保证有足够的强度，弧形闸门闸墩的最小厚度为 1.5m，如果是缝墩，墩厚增加 0.5～1m。

图 5.15　带门槽的闸墩平面图

闸墩的长度取决于上部结构布置和闸门的型式，一般与底板同长或者稍短些，并应满足与交通桥、工作桥（供装置闸门启闭设备用）的衔接。

（6）分缝与止水。为了防止和减少由于地基不均匀沉降、温度变化引起的裂缝，对于多孔水闸的闸室底板，必须设置若干道顺水流向的永久缝。缝可以布置在闸墩中间，各孔口产生不均匀沉陷时，不影响闸门启闭，工作可靠，但闸墩较厚；缝设在孔口中间，闸墩厚度不增加，但各孔口产生不均匀沉陷时，孔口变形，影响闸门启闭。缝内应设止水设备。

（7）闸门。溢洪道一般设置两道闸门：工作闸门和检修闸门。工作闸门又称主闸门，是其正常运行情况下使用的闸门；检修闸门用以临时挡水，一般在静水中启闭。

工作闸门可以采用平面闸门、弧形闸门，检修闸门一般采用平面闸门、叠梁闸门。平面钢闸门一般分为直升式和升卧式两种。直升式平面闸门是最常用的形式，门体结构简单，可吊出孔口进行检修，所需闸墩长度较小，也便于使用移动式启闭机。其缺点是，启闭力较大，工作桥较高，门槽处易磨损。弧形闸门与平面闸门比较，其主要优点是启闭力小，可以封闭相当大面积的孔口，无影响水流态的门槽，闸墩厚度较薄，机架桥的高度较低，埋件少。它的缺点是需要的闸墩较长；不能提出孔口以外进行检修维护，也不能在孔口之间互换；总水压力集中于支铰处，闸墩受力复杂。叠梁闸门是使用多块单独的闸板，逐块横向放入门槽内，形成一个平面挡水结构；其结构简单，自重轻、起吊力小，搬运方便，但由于闸板与闸板之间止水靠自重而达到密封的作用，挡水结构的整体性差，靠水位密封差，渗漏量略大，故叠梁闸门用于临时挡水或检修闸门。

（8）交通桥、工作桥。交通桥的位置根据闸室稳定及两岸交通连接等条件确定，通常布置在闸室下游；工作桥是为安装启闭机和便于工作人员操作而设在闸墩上的桥。

5.1.5　泄槽

泄槽在平面上宜尽可能采用直线、等宽、对称布置，力求使水流平顺、结构简单、施工方便。当必须设置弯道时，弯道应设置在流速较小、水流较平稳、底坡较缓且无变化的部位。泄槽段的长度根据地形地质条件、消能型式等因素确定。

1. 泄槽的纵断面

泄槽的纵断面应尽量按地形、地质条件以及工程量少、结构安全稳定、水流流态良好的原则进行布置。泄槽的纵坡常采用陡坡，泄槽纵坡必须保证槽中的水位不影响溢流堰自由泄流和泄水时槽中不发生水跃，使水流处于急流状态，因此，泄槽纵坡必须大于水流临界坡度（$i > i_k$）。为减少工程量，纵坡一般选择与地面坡度一致，有时可达 $10\% \sim 15\%$，坚硬的岩石上可以更大，实践中有用到 $1:1$ 的。

临界底坡 i_k 按式（5.2）计算：

$$i_k = \frac{g \chi_k}{C_k^2 B_k} \tag{5.2}$$

式中　g——重力加速度，9.8m/s^2；

χ_k——泄槽临界湿周，m；

C_k——泄槽的临界谢才系数；

B_k——泄槽底宽，m。

泄槽纵坡以一次坡为好，其水力条件好。当受地形条件限制或为了节省开挖方量而需要变坡时，变坡次数不宜过多，且宜先缓后陡。在坡度变化处要用曲线相连接，以免高速水流在变坡处发生脱离槽底引起空蚀或槽底遭到动水压力的破坏。当坡度由陡变缓时，可采用圆弧曲线连接，圆弧半径为（$3 \sim 6$）h（h 为变坡处的断面水深），流速大者宜选用大值；当底坡由缓变陡时，可采用抛物线连接，如图 5.16

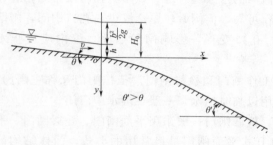

图 5.16　变坡处的连接

所示。其方程按式（5.3）计算。

$$y = x\tan\theta + \frac{x^2}{K(4H_0\cos^2\theta)}$$ (5.3)

$$H_0 = h + \frac{\alpha v^2}{2g}$$

式中 x、y——以缓坡泄槽末端为原点的抛物线横、纵坐标，m；

θ——缓坡泄槽底坡坡角，（°）；

H_0——抛物线起始断面总水头，m；

h、v——抛物线起始断面平均水深及流速，m，m/s；

α——流速分布不均匀系数，通常取 $\alpha=1.0$；

K——系数，对于落差较大的重要工程，取 $K=1.5$；对于落差较小者，取 $K=1.1\sim1.3$。

2. 泄槽的横断面

泄槽横断面形状在岩基上宜做成矩形，与控制段同宽；若采用梯形断面，边坡坡度一般较陡，常采用 1：0.1～1：0.3。土基上的断面采用梯形，边坡根据地勘资料选取，一般为 1：1.5～1：2.5。边墙墙顶高程应根据水面波动、水流掺气等因素影响的水面线，加 0.5～1.5m 的安全加高。

当泄槽孔数较多或泄洪孔数不多但有单孔开启要求时，为运行方便、灵活，将整个泄槽用中隔墩分成几部分。泄槽设置中隔墩的工程比较多，如水布垭、糯扎渡、引子渡、古洞口、龙马等。

5.1.6 消能防冲设施

消能防冲设施可采用挑流消能，底流消能或其他的消能形式。具体应根据地形、地质条件、泄流条件、运行方式、下游水深及河床抗冲能力、消能防冲要求、下游水流衔接及对其他建筑物的影响等因素，通过技术经济比较选定。

溢洪道消能防冲设计的洪水标准确定如下：

（1）山区、丘陵区水库工程的溢洪道消能防冲设计的洪水标准，可低于泄水建筑物的洪水标准，根据溢洪道的级别，按表5.5确定，并应考虑在低于消能防冲设计洪水标准时可能出现的不利情况。对超过消能防冲设计标准的洪水，允许消能防冲建筑物出现局部破坏，但必须不危及挡水建筑物及其他主要建筑物的安全，且易于修复，不致长期影响工程运行。

水布垭水电站枢纽全景图

水布垭水电站溢洪道

表 5.5   山区、丘陵区水库工程的消能防冲建筑物设计的洪水标准

永久性泄水建筑物级别	1	2	3	4	5
设计洪水标准（重现期/年）	100	50	30	20	10

（2）平原、滨海区水库工程的溢洪道消能防冲设计洪水标准，应与相应级别泄水建筑物的洪水标准一致，按表5.6确定。

表 5.6　　　　　平原、滨海区水库工程的永久性水工建筑物的洪水标准

项　目	永久性水工建筑物级别				
	1	2	3	4	5
设计（重现期/年）	300～100	100～50	50～20	20～10	10
校核洪水标准（重现期/年）	2000～1000	1000～300	300～100	100～50	50～20

1. 挑流消能

　　挑流消能一般适用于较好岩石地基的高、中水头枢纽，是应用非常广泛的一种消能工。挑坎可以采用连续式、差动式、扩散式、异形挑坎、窄缝式挑坎等，如图 5.17 所示。挑流消能是利用泄水建筑物出口处的挑流鼻坎，将下泄急流抛向空中，然后落入离建筑物较远的河床，与下游水流相衔接的消能方式。其能量耗散大体分急流沿固体边界的摩擦消能，射流在空中与空气摩擦、掺气、扩散消能，尾水中淹没紊动扩散消能三部分。挑流消能特点：射流落入下游河床距离远，对尾水变幅适应性强，结构简单，施工、维修方便，工程量小。但下游冲刷较严重，堆积物较多，尾水波动与雾化都较大。

　　挑流消能设计的主要内容包括：选择鼻坎型式，确定鼻坎高程、反弧半径、挑角，计算挑距和下游冲刷坑深度。从大坝安全考虑，一般希望挑射距离远一些，冲刷坑浅一些。连续式挑流鼻坎［图 5.17（a）］构造简单，射程远，鼻坎上水流平顺，一般不易产生空蚀，水流雾化也轻。适用于尾水较深、基岩较为均一、坚硬及溢流前沿较长的泄水建筑物。鼻坎挑射角一般采用 $\theta = 20° \sim 25°$。鼻坎反弧半径 R：$(8 \sim 10)h$，h 为鼻坎上水深。若 R 太小，则水流转向不够平顺；若 R 太大，则将使鼻坎向下游延伸太长，增加工程量。鼻坎坎顶高程：高出下游水位 $1 \sim 2m$。

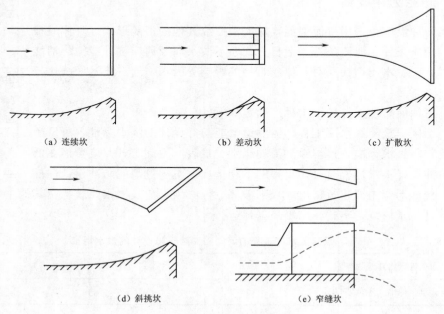

（a）连续坎　　　　　　　　　（b）差动坎　　　　　　　　　（c）扩散坎

（d）斜挑坎　　　　　　　　　　　　（e）窄缝坎

图 5.17　挑流鼻坎的型式

差动坎〔图 5.17 (b)〕是齿、槽相间的挑坎。射流挑离鼻坎时上下分散，在空中的扩散作用充分，可以减轻下游局部冲刷，但齿的棱线和侧面易遭受高速绕流的空蚀破坏。差动齿可以为矩形、梯形，齿的挑角一般为 20°～30°，齿的挑角大于槽的挑角，差值一般为 5°～10°，齿的高度为急流水深的 0.75～1.0 倍，齿、槽宽度比为 1.5～2.0，齿宽为齿高的 1～2 倍。为防止齿的空蚀破坏，齿坎应设置通气孔。

斜挑坎〔图 5.17 (d)〕的挑坎坎顶与水流方向斜交，两侧边墙长度不同，利用沿坎顶射流水股的出坎起点与挑角不相同，可以控制射流的入水位置。有时可将长边墙做成直线、短边墙做成扩张的曲斜挑坎，使它有更明显的转向作用。

窄缝坎〔图 5.17 (e)〕。坎沿流程收缩，将出口过流宽度缩窄为原宽度的 1/3～1/5，鼻坎挑角很小，甚至零挑角。挑出的水流形成窄而高的射流，在空中向竖向和顺水流流向充分扩散，以减小水舌入水单位面积的能量，减轻下游局部冲刷，适用于峡谷区的高坝溢洪道。

挑坎结构型式一般有重力式、衬砌式两种，后者适用坚硬完整岩基。在挑坎的末端做一道深齿墙，以保证挑坎的稳定。齿墙的深度根据冲刷坑的形状和尺寸决定，一般可达 7～8m。若冲坑加深，齿墙也应加深。挑坎与岩基常用锚筋连为一体。在挑坎的下游常做一段短护坦，以防止小流量时产生贴壁流而冲刷齿墙底脚。

2. 底流消能

消力池是水跃消能工的主体。底流消能通过在消力池内形成的淹没式水跃，将泄水建筑物泄出的急流转变为缓流，以消除多余动能的消能方式。消能主要靠水跃产生的表面漩滚与底部主流间的强烈紊动、剪切和掺混作用。底流消能具有流态稳定、消能效果较好、对地质条件和尾水变幅适应性强以及水流雾化很小等优点，但护坦较长，土石方开挖量和混凝土方量较大，工程造价较高。在河岸式溢洪道中底流消能一般适用于土基上或破碎软弱的岩基上。

在工程上，设计成淹没式 σ（$\sigma=1.05\sim1.10$）水跃，此时水跃消能的可靠性大，流态稳定，实际工程中，通过在护坦末端设置消力坎，在坎前形成消力池；降低护坦高程形成消力池；既降低护坦高程，又建造消力坎形成综合消力池，护坦前段常做成斜坡。

消力池的横断面形状为矩形，平面上采用等宽布置，必要时也可以做成扩散型布置。流速小时，池内可以布置消力墩、消力齿等辅助消能工。

5.1.7 出水渠

泄洪消能后的水流能直接泄入下游河道时，下游河道充当出水渠；否则需要修建出水渠。出水渠的作用是保证下泄洪水与下游河道水流平稳顺畅地衔接，使下泄洪水不致对电站、船闸、码头和交通的正常运用产生不良影响。

前坪水库正常溢洪道布置于大坝左岸，包括进水渠段、进口翼墙段、控制段、泄槽段及消能防冲段等五部分，中心轴线总长度约 383.8m，其中进水渠段长约 186.8m、进口翼墙段长 80m、控制段长 35m、泄槽段长 99m、消能段长 17m。

控制段的闸室结构型式为开敞式实用堰，闸室共 5 孔，单孔净宽 15m，总宽 87m。堰顶高程 403.0m，闸墩顶高程 423.50m。工作闸门为 5 扇弧型钢闸门，采用弧门卷扬式启闭机启闭。下游消能防冲采用挑流消能。

溢洪道进水渠段长 80m（桩号：0−080～0＋000），采用非对称结构，左岸为扭曲面翼墙段，右岸为圆弧式翼墙，底坡为平坡、高程为 399.0m。挡土墙高度 26.5m（高程：397.00～423.50m），基础宽 2.921～4.934m。右岸从上游依次为圆弧半径 30.2m、圆心角 120°的空箱式圆弧结构，半径 30m、圆心角 60°的衡重式圆弧结构，桩号 0−020～0−000 为等截面衡重式结构。

　　泄槽段由两段组成，长 99m，宽 87m，矩形断面，其中泄槽一段底坡 1∶100，长 43m；泄槽二段底坡 1∶2.5，长 56m，底坡变化处设置曲线连接段。

　　消能防冲段采用挑流消能，坎顶高程 373.51m，长 17m，宽 87m，其后设置紧接长 10m 的护坦。

学习小结

　　请用思维导图对知识点进行归纳总结。

学习测试

（1）正槽溢洪道由（　　）组成。

A. 进水渠　　　B. 控制段　　　C. 泄槽段　　　D. 消能设施　　　E. 消力池

（2）以下关于正槽溢洪道各组成部分作用说法正确的是（　　）。

A. 进水渠的作用是将水库的水平顺地引入控制堰

B. 控制堰既可以控制水位又可以控制下泄流量

C. 泄槽作用快速排泄水库中的水以防渗漏造成岸坡垮塌

D. 出水渠是连接灌区与正槽溢洪道的一段灌溉渠道

E. 泄槽的作用是使过堰水流迅速、安全下泄

（3）正槽溢洪道进水渠底坡一般采用（　　）。

A. 缓坡　　　　　　B. 陡坡　　　　　　C. 逆坡　　　　　　D. 平坡

（4）溢洪道泄槽段的底坡一般采用（　　）。

A. 缓坡　　　　　　B. 陡坡　　　　　　C. 逆坡　　　　　　D. 平坡

（5）在平面布置时，溢洪道泄槽段一般尽可能布置成（　　）。

A. 直线　　　　　　B. 等宽　　　　　　C. 对称　　　　　　D. 圆弧

技能训练

段村水库的溢洪道位于左岸，轴线布置方位为 SE181°，进出口为一天然的冲沟，利于布置正槽溢洪道，轴线长大约 850m，泄水于颍河左支，距坝体较远，所以回水不会危及大坝的安全，但从地形上看，地势较高，开挖量大，大部分挖方为黄土和黏土，岩石较少，可以用机械开挖，开挖方量可用作围堰材料或堆至右侧山谷中，另外局部土基需做衬砌（可用开挖石料）。若将溢洪道轴线布置在右岸则开挖量大，施工困难（岸体难以开挖），同时与隧洞存在施工干扰，而且尾水可能对村庄不利，结合以上分析采用左岸直线方案是比较合理的。

（1）进水渠。段村水库的进水渠采用梯形断面，底坡为平坡，边坡采用 1:1.5。渠底高程是采用 360.52m。渠内流速 $v=3.0$m/s，渠底宽度大于堰宽。

进水渠断面拟定尺寸，由计算可以拟定渠底宽 $B=90$m（为了安全）（计算过程略）。

进水渠与控制堰之间设 20m 连接段，采用圆弧连接，半径 $R=20$m，结合工程地质条件、控制堰的布置，引渠长 $L=150$m。

（2）控制段。本工程是以灌溉为主的中型工程，控制堰采用无坎宽顶堰。顶部高程为 360.52m。堰厚（底板顺水流方向长度）拟为 30m（5H<8<10H）。堰宽由流量方程求得为 65m，计算过程略。

（3）泄槽。槽底布置在基岩上，断面必须为挖方，且要工程量最小，坡度不宜太陡。为适应地形、地质条件，设置泄槽一段和泄槽二段。泄槽一段，矩形断面，宽 65m，长为 540m，底坡 $i=\dfrac{1}{200}$；泄槽二段，矩形断面，长 80m，底坡 $i=\dfrac{1}{8}$。

临界底坡计算略。

（4）出口消能。溢洪道出口段为冲沟，岩石比较坚硬，离大坝较远，采用挑流消能，水流冲刷不会危及大坝安全。

（5）尾水渠。其作用是将消能后的水流较平稳地泄入原河道。

为了防止小流量产生贴流、淘刷鼻坎，鼻坎下游设置长 $L=10$m 的护坦。

任务5.2　水力设计

导向问题

（1）小浪底溢洪道的进水渠如何布置？

（2）小浪底溢洪道的控制段闸室底板高程 258m、3 孔、每孔净宽 11.5m，是否满足要求？依据是什么？

（3）小浪底溢洪道的泄槽边墙墙顶高程如何确定？

（4）小浪底溢洪道挑流消能布置是否满足要求？为什么？

相关知识

溢洪道水力设计的内容：泄流能力计算、进水渠水力设计、控制段水力设计、泄槽段水力设计、消能防冲水力设计、出水渠水力设计等。

溢洪道的水力设计应满足：泄流能力必须满足设计和校核工况下所要求的泄量；体型合理、简单，水流平顺、稳定，并避免发生空蚀；下泄水流的流态不影响坝肩及岸坡的稳定。对于大型工程及水力条件复杂的中型工程，上述各项水力设计内容，均应经溢洪道水工模型试验验证。

1. 进水渠的水力设计

进水渠水力设计应使渠内水流平顺、稳定，水面波动及横向水面比降小，并应避免回流与漩涡。渠道内的设计流速应大于不淤流速、小于渠道不冲流速，且水头损失较小，渠道设计流速宜采用 3~5m/s。

进水渠水力计算内容是：根据渠内流速的大小，求库水位与下泄流量关系曲线，校核泄流能力；求渠内水面曲线，确定进水渠边墙高。

（1）根据堰流公式（5.4）求 H_0（已知 B、Q）。

$$H_0 = \left(\frac{Q}{\varepsilon \sigma_s m B \sqrt{2g}}\right)^{\frac{2}{3}} \tag{5.4}$$

式中 H_0——包括行近流速水头的堰上水头，m；

    B——闸孔总净宽，m；

    m——流量系数；

    ε——侧收缩系数；

    σ_s——淹没系数；

    Q——流量，m^3/s。

（2）联立求解下列方程，计算堰前水深 h 和 v。

$$\begin{cases} h = H_0 + P_1 - \dfrac{v^2}{2g} \\ v = \dfrac{Q}{\omega} = \dfrac{Q}{bh + mh^2} \end{cases} \tag{5.5}$$

进水渠为梯形断面，b 为渠底宽，m 为进水渠边坡系数。其余参数如图 5.18 所示。

（3）计算水库水位。

当 $v \leqslant 0.5m/s$ 时，进水渠水头损失很小，可忽略不计，则

$$\text{水库水位} = \text{堰顶高程} + H_0 \tag{5.6}$$

当 $v = 0.5 \sim 3.0m/s$，并且进水渠沿程断面、糙率不变（或变化很小）、平面布置比较顺直时，进水渠水头损失所占比重也很小，这时仍可按明渠均匀流公式进行近似计算，

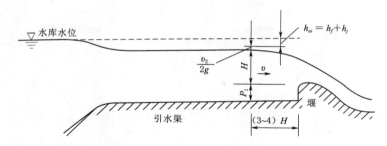

图 5.18　进水渠段水力计算图

计算误差并不是很大，且偏于安全，则

$$水库水位 = 堰顶高程 + H + \frac{\alpha v_2}{2g} + h_\omega \tag{5.7}$$

式中　h_ω——进水渠总水头损失，为沿程水头损失 h_f 与局部水头损失 h_j 之和；$h_j = \zeta \frac{v^2}{2g}$，$h_f = JL = \frac{v^2 n^2 L}{R^{\frac{4}{3}}}$；

　　　ζ——局部水头损失系数，参见有关水力学教材；

　　　L——进水渠长度，m；

　　　α——动能改正系数，一般采用 $\alpha = 1.0$；

其他符号如图 5.19 所示。

当进水渠流速 $v \geqslant 3.0\text{m/s}$，进水渠沿程断面糙率变化较大，则要用明渠非均匀流公式进行计算。

首先计算起始断面的水力要素——水深、流速。进水渠的起始断面一般可选择在堰前 $(3 \sim 4) H$ 处，如图 5.20 中的 1—1 断面。起始断面 1—1 的水深为 h_1、流速为 v_1。

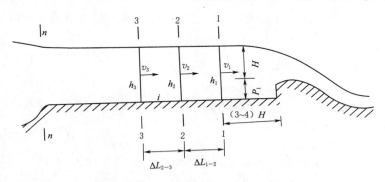

图 5.19　进水渠段水力计算图

然后假定分段末端 2—2 断面的水深为 h_2、流速 v_2 可以求出，$v_2 = Q/\omega_2$；根据式（5.8）计算流段内的平均摩阻坡降 $\overline{J}$

$$\overline{J} = \frac{\overline{v}^2}{\overline{C}^2 \overline{R}} \tag{5.8}$$

其中 $\overline{v}=\dfrac{v_1+v_2}{2}$，$\overline{C}=\dfrac{C_1+C_2}{2}$，$\overline{R}=\dfrac{R_1+R_2}{2}$。

式中　C_1、C_2——谢才系数；

$\quad\quad\quad R_1$、R_2——水力半径，m。

将 $\overline{J}$ 代入式（5.9）求得 ΔL_{1-2}。

$$\Delta L_{1-2}=\frac{\left(h_2\cos\theta+\dfrac{\alpha_2 v_2{}^2}{2g}\right)-\left(h_1\cos\theta+\dfrac{\alpha_1 v_1{}^2}{2g}\right)}{i-\overline{J}} \tag{5.9}$$

式中　ΔL_{1-2}——分段的长度，m；

$\quad\quad\quad\theta$——引渠底坡角度，(°)；

$\quad\quad\quad i$——进水渠纵坡；$i=\tan\theta$；

$\quad\quad\quad \alpha_1$、α_2——动能修正系数，一般采用 $\alpha=1.0$。

重复上述步骤求得 ΔL_{2-3}，ΔL_{3-4}，…，直至 $\sum\Delta L$ 等于引渠全长，推算到渠首断面 $n-n$ 计算 h_n，v_n。即可推求引渠的水面线。则水库水位可由式（5.10）计算。

$$水库水位=渠底高程+h_n+\frac{\alpha v_n{}^2}{2g}+\zeta\frac{\alpha v_n{}^2}{2g} \tag{5.10}$$

最后，根据计算结果见表 5.7，绘制库水位与溢洪道泄流能力关系曲线。

表 5.7　　　　　　　库水位与溢洪道泄流能力关系计算表

流量 $Q/(\mathrm{m}^3/\mathrm{s})$	堰上水头	水头损失	堰顶高程	库水位/m
100				
200				
……				

2. 控制段水力设计

控制段水力计算主要是校核溢流堰过流能力，绘制库水位与溢洪道泄流量关系曲线。

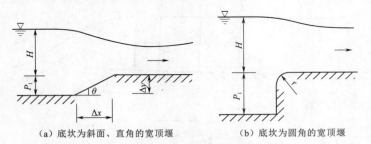

（a）底坎为斜面、直角的宽顶堰　　　　（b）底坎为圆角的宽顶堰

图 5.20　有坎宽顶堰的计算简图

宽顶堰闸门全开非淹没出流时，泄流能力采用式（5.11）进行计算：

$$Q=m\varepsilon B\sqrt{2g}H_0^{3/2} \tag{5.11}$$

式中　Q——流量，m^3/s；

$\quad\quad\quad B$——总净宽，m；

H_0——计入行进流速水头的堰上总水头，m；

m——二元水流宽顶堰流量系数，与相对上游堰高 P_1/H（H 为不计入行进流速的堰上水头，m）及堰头形式有关，按表 5.8、表 5.9 查得；

ε——闸墩侧收缩系数。

表 5.8　　　　　　　　　　　底坎为直角形和斜面形的宽顶堰流量系数值

P_1/H	$\cot\theta$（$\Delta x/\Delta y$）					
	0	0.5	1.0	1.5	2.0	≥2.5
≈0	0.385	0.385	0.385	0.385	0.385	0.385
0.2	0.366	0.372	0.377	0.380	0.382	0.382
0.4	0.356	0.365	0.373	0.377	0.380	0.381
0.6	0.350	0.361	0.370	0.376	0.379	0.380
0.8	0.345	0.357	0.368	0.375	0.378	0.379
1.0	0.342	0.355	0.367	0.374	0.377	0.378
2.0	0.333	0.349	0.363	0.371	0.375	0.377
4.0	0.327	0.345	0.361	0.370	0.374	0.376
6.0	0.325	0.344	0.360	0.369	0.374	0.376
8.0	0.324	0.343	0.360	0.369	0.374	0.376
≈∞	0.320	0.340	0.358	0.368	0.373	0.375

表 5.9　　　　　　　　　　　底坎为带圆角的宽顶堰的流量系数 m 值

P_1/H	r/H							
	0.025	0.05	0.10	0.20	0.40	0.60	0.80	≥1.00
≈0	0.385	0.385	0.385	0.385	0.385	0.385	0.385	0.385
0.2	0.372	0.374	0.375	0.377	0.379	0.380	0.381	0.382
0.4	0.365	0.368	0.370	0.374	0.376	0.377	0.379	0.381
0.6	0.361	0.364	0.367	0.370	0.374	0.376	0.378	0.380
0.8	0.357	0.361	0.364	0.368	0.372	0.375	0.377	0.379
1.0	0.355	0.359	0.362	0.366	0.371	0.374	0.376	0.378
2.0	0.349	0.354	0.358	0.363	0.368	0.371	0.375	0.377
4.0	0.345	0.350	0.355	0.360	0.366	0.370	0.373	0.376
6.0	0.344	0.349	0.354	0.359	0.366	0.369	0.373	0.376
≈∞	0.340	0.346	0.351	0.357	0.364	0.368	0.372	0.375

侧收缩系数计算按式（5.12）～式（5.15）。

当 $b/B_1<0.2$，取 $b/B_1=0.2$；当 $P_1/H_0>0.3$，取 $P_1/H_0=0.3$。

（1）单孔宽顶堰：

$$\varepsilon=1-K\frac{1-b/B_1}{\sqrt[3]{0.2+\dfrac{P_1}{H_0}}}\sqrt[4]{\frac{b}{B_1}} \tag{5.12}$$

式中　B_1——堰上游进水渠的宽度，m；

　　　b——堰孔宽度，m；

K——闸墩形状影响系数，矩形取 0.19，圆弧取 0.10。

(2) 多孔宽顶堰：

$$\varepsilon = [\varepsilon_z(n-1) + \varepsilon_B]/n \qquad (5.13)$$

$$\varepsilon_z = 1 - K\frac{1 - b/(b+d)}{\sqrt[3]{0.2 + P_1/H_0}}\sqrt[4]{b/(b+d)} \qquad (5.14)$$

$$\varepsilon_b = 1 - K\frac{1 - b/(b+\Delta b)}{\sqrt[3]{0.2 + P_1/H_0}}\sqrt[4]{b/(b+\Delta b)} \qquad (5.15)$$

式中　n——孔数；

　　　b——各孔净宽；

　　　d——中墩厚度；

　　Δb——边墩边缘至引水渠水边线的距离，其余同单孔宽顶堰。

设计时，应分别计算溢洪道设计、校核情况下的实际泄流能力，并计算其相对误差，当泄流能力的相对误差不超过 ±5%，则认为控制段设计符合要求。溢洪道泄流能力计算见表 5.10。

表 5.10　　　　　　　　　　　　　溢洪道泄流能力计算表

计算情况	库水位/m	堰上水头/m	流量系数	侧收缩系数	流量 Q/(m³/s)	相对误差/%
设计情况						
校核情况						

3. 泄槽水力设计

泄槽水力设计，应根据布置和最大流量计算各水力要素，确定水流边壁的体型、尺寸及需要采取的工程措施。

泄槽水力计算是在确定了泄槽的纵向坡度及断面尺寸后，根据溢洪道的设计情况、校核情况的流量，分别计算泄槽内水面线，以确定边墙高度，为边墙及衬砌的结构设计和下游消能计算提供依据。

(1) 泄槽水面线的定性分析。计算水面线之前，必须先确定所要计算水面线的变化趋势，以及上下两断面的位置（定出水面线的范围）。泄槽中可以发生 a_{II} 型壅水曲线、b_{II} 型降水曲线及 c_{II} 型壅水曲线三种，出现最多的是 b_{II} 型降水曲线。

(2) 用分段求和法计算泄槽水面线。计算见式 (5.16)：

$$\Delta L_{1-2} = \frac{\left(h_2\cos\theta + \dfrac{\alpha_2 v_2^2}{2g}\right) - \left(h_1\cos\theta + \dfrac{\alpha_1 v_1^2}{2g}\right)}{i - \overline{J}} \qquad (5.16)$$

计算流段内的平均水力坡降 $\overline{J}$ 为

$$\overline{J} = \frac{\overline{v}^2}{\overline{C}^2 \overline{R}}$$

其中　　　　　　　　　$\overline{v} = \dfrac{v_1 + v_2}{2}, \overline{C} = \dfrac{C_1 + C_2}{2}, \overline{R} = \dfrac{R_1 + R_2}{2}$

式中　ΔL_{1-2}——1—1 断面与 2—2 断面之间的长度，m；

C_1、C_2——1—1 断面、2—2 断面的谢才系数；

R_1、R_2——1—1 断面、2—2 断面的水力半径，m；

θ——泄槽底坡角度，(°)；

i——泄槽纵坡；$i = \tan\theta$；

α_1、α_2——动能修正系数，一般采用 $\alpha = 1.0$；

h_1、h_2——1—1 断面、2—2 断面的水深，m。

计算时，首先确定泄槽起始断面的水深，假定一个水深，按分段求和法计算之间的距离 ΔL_{1-2}，重复上述步骤求得 ΔL_{2-3}、ΔL_{3-4}、…，直至 $\sum \Delta L$ 等于泄槽全长，即可推求引渠的水面线。

泄槽水面线的计算结果应填入计算表，见表 5.11。

表 5.11 泄槽水面线的计算汇总表

计算情况	设 计 情 况			校 核 情 况		
断面	断面 1	断面 2	……	断面 1	断面 2	……
h/m						
A						
v						
$v^2/2g$						
E_s						
ΔE_s						
χ						
R						
C						
$\overline{J}$						
$i - \overline{J}$						
ΔL						
$\sum \Delta L$						

（3）起始断面位置及水深。泄槽水面线计算的首要问题是确定起始断面，起始断面一般都在泄槽的起点，水面线的计算从该断面开始向下游逐段进行。起始断面的位置及水深则与泄槽上游段型式有关。

当泄槽上游连接宽顶堰、缓坡明渠或过渡段时，如图 5.21 所示，起始计算断面在泄槽首端，水深 h_1 采用泄槽首端断面计算的临界水深 h_k。

（4）临界水深 h_k、临界底坡 i_k。临界水深 h_k、临界底坡 i_k 计算按以下公式进行。

$$v_k = \frac{Q}{B_k h_k}, h_k = \sqrt[3]{\frac{Q^2}{B_k^2 g}}, i_k = \frac{g \chi_k}{C_k^2 B_k}$$

式中 h_k、v_k——临界水深和临界流速；

i_k——临界底坡。

（5）边墙高度的确定。泄槽边墙高度根据掺气后的水面线加 0.5～1.5m 的超高确定。对于收缩段、扩散段、弯道段等水力条件比较复杂的部位，宜取大值。当泄槽内水流流速

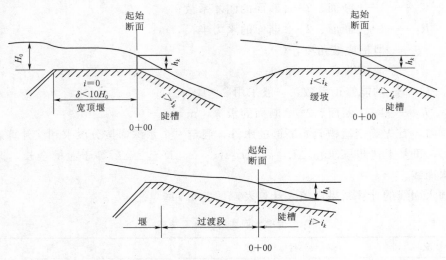

图 5.21 泄槽起始断面水深 h_1 示意图

超过 7～8m/s，空气从自由水面进入水体，发生掺气现象。掺气程度与流速、水深、边界糙率等因素有关，掺气水深可用式（5.17）估算：

$$h_b = \left(1 + \frac{\zeta v}{100}\right)h \tag{5.17}$$

式中　h、h_b——泄槽计算断面不掺气水深及掺气后水深，m；

　　　　v——不掺气情况下计算断面的平均流速，m/s；

　　　　ζ——修正系数，一般为 1.0～1.4，当流速大时取大值。

边墙高度计算汇总表见表 5.12。

表 5.12　　　　　　　　　　　　　　　边墙高度计算汇总表

计算情况	断面	距离泄槽首端距离	静水水深 h/m	流速 /(m/s)	掺气后水深 h_b/m	安全加高/m	边墙高度/m
设计情况	1—1						
	2—2						
	……						
校核情况	1—1						
	2—2						
	……						

在泄槽转弯处的水流流态复杂，由于弯道离心力及冲击波共同作用，形成横向水面差，流态十分不利。弯道的外侧水面与内侧水面的高差 $2\Delta Z$，如图 5.22（a）所示。ΔZ 可按经验公式（5.18）计算。

$$\Delta Z = K \frac{v^2 b}{g r_0} \tag{5.18}$$

式中　ΔZ——横向水面差即弯道外侧水面与中心线水面的高差，m；

r_0——弯道段中心线曲率半径，m；

b——弯道宽度，m；

K——超高系数，其值可按表 5.13 查取。

表 5.13　　　　　　　　　横向水面超高系数 K 值

泄槽断面形状	弯道曲线的几何形状	K 值
矩形	简单圆曲线	1.0
梯形	简单圆曲线	1.0
矩形	带有缓和曲线过渡段的复曲线	0.5
梯形	带有缓和曲线过渡段的复曲线	1.0
矩形	既有缓和曲线过渡段，槽底又横向倾斜的弯道	0.5

为消除弯道段的水面干扰，保持泄槽轴线的原底部高程、边墙高程等不变，以利施工，常将内侧渠底较轴线高程下降 ΔZ，而外侧渠底则抬高 ΔZ，如图 5.22（c）所示。

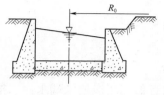 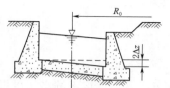 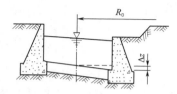

（a）泄槽底板内外侧等高　　　（b）泄槽内侧底板下降 $2\Delta Z$　　　（c）泄槽内侧底板下降 ΔZ，外侧渠底则抬高 ΔZ

图 5.22　弯道上的泄槽

4. 消能防冲设计

消能防冲设计的洪水标准：1 级建筑物按 100 年一遇洪水设计；2 级建筑物按 50 年一遇洪水设计；3 级建筑物按 30 年一遇洪水设计。

（1）挑流消能。采用挑流消能时，应对各级流量进行水力计算。安全挑距、水舌入水宽度、允许最大冲坑深度的确定，不应影响挑坎基础、两岸岸坡稳定及相邻建筑物的安全。冲刷坑上游坡度，应根据地质情况确定，一般为 $1:3\sim1:6$。

挑流鼻坎的坎顶高程的选定，应在保证能形成自由挑流的情况下，可以略低于下游最高水位。挑流鼻坎挑角，可以采用 $15°\sim35°$。当采用差动式鼻坎时，应合理选择反弧半径、高低坎宽度比、高程差及挑角差。反弧半径 R 可采用反弧最低点最大水深 h 的 $6\sim12$ 倍。对于泄槽底坡较陡、反弧内流速及单宽流量较大者，反弧半径宜取大值。

1）挑流水舌挑距按式（5.19）计算，如图 5.23 所示。

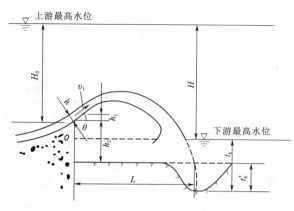

图 5.23　挑流水舌挑距及冲刷坑示意图

$$L = \frac{1}{g}\left[v_1^2\sin\theta\cos\theta + v_1\cos\theta\sqrt{v_1^2\sin^2\theta + 2g(h_1+h_2)}\right] \qquad (5.19)$$

式中　L——水舌挑射距离，挑流鼻坎末端至下游河床床面的挑流水舌外缘挑距，m；

　　　v_1——坎顶水面流速，m/s，按鼻坎处平均流速 v 的 1.1 倍计；

　　　θ——鼻坎的挑角；

　　　h_1——坎顶平均水深 h 在铅直方向的投影，$h_1 = h\cos\theta$，m；

　　　h_2——坎顶至下游河床面高差，m，如冲坑已经形成，在计算冲坑进一步发展时，可算至坑底。

2）鼻坎处平均流速 v 的计算，有两种计算方法。

方法一：当 $S < 18q^{\frac{2}{3}}$ 时，鼻坎处平均流速为

$$v = \varphi\sqrt{2gH_0}$$

式中　H_0——库水位至坎顶的落差，m；

　　　φ——流速系数；

　　　S——泄槽流程长度，m；

　　　q——泄槽单宽流量，$m^3/(s \cdot m)$。

方法二：按推算水面线的方法计算。鼻坎末端水深可以近似利用泄槽末端水深，按推算泄槽段水面线方法求出；单宽流量除以该水深，可得鼻坎处断面平均流速。

最大冲坑水垫厚度 t_k 的数值与很多因素有关，特别是河床的地质条件，目前估算的公式很多。工程上常按式（5.20）估算。

$$t_k = kq^{\frac{1}{2}}H^{\frac{1}{4}} \qquad (5.20)$$

$$t_k' = t_k - h_s$$

式中　t_k——水垫厚度，由自水面算至坑底，m；

　　　t_k'——最大冲坑深度，m；

　　　q——鼻坎末端断面单宽流量，$m^3/(s \cdot m)$；

　　　H——上下游水位差，m；

　　　k——综合冲刷系数，参见表 5.14；

　　　h_s——溢洪道出水渠水深，m。

表 5.14　　　　　　　　　　　　　基岩冲刷系数 k 值

基岩类别		Ⅰ（难冲）	Ⅱ（可冲）	Ⅲ（较易冲）	Ⅳ（易冲）
节理裂隙	间距/cm	>150	50～150	20～50	<20
	发育程度	不发育。节理1～2组，规则	较发育。节理2～3组，X形，较规则	发育。节理3组以上，不规则，呈X形或米字形	很发育。节理3组以上，杂乱、岩石被切割成碎石状
	完整程度	巨块状	大块状	块石碎石状	碎石状

基岩类别		Ⅰ（难冲）	Ⅱ（可冲）	Ⅲ（较易冲）	Ⅳ（易冲）
岩基构造特征	结构类型	整体结构	砌体结构	镶嵌结构	碎裂结构
	裂隙性质	多为原生型或构造型，多密闭，延展不长	以构造型为主，多密闭，部分微张，少有充填，胶结好	以构造或风化型为主，大部分微张，部分张开，部分为黏土充填，胶结较差	以风化或构造型为主，裂隙微张或张开，部分为黏土充填，胶结很差
k	范围	0.6～0.9	0.9～1.2	1.2～1.6	1.6～2.0
	平均	0.8	1.1	1.4	1.8

当挑流消能的挑距 L 与最大冲坑深度 t'_k 比值即 $L/t'_k \geqslant 3$，则认为挑流消能不影响挑坎基础安全，挑流消能设计合理，否则，挑流消能形成的冲刷坑会影响挑坎基础的安全，需要重新设计。注意消能设计时应对各级流量进行水力计算。

（2）底流消能。底流消能防冲的水力设计，应满足下列要求：

1）保证消力池内低淹没度稳定水跃，并应避免产生两侧回流。

2）消力池宜采用等款的矩形断面。

3）护坦上是否设置辅助消能工，应结合运用条件综合分析确定。当跃前断面平均流速超过 16m/s 时，池内不宜设置趾墩、消力墩等辅助消能工。

底流消能的水力设计，应对各级流量进行计算，确定池底高程、池长及尾坎布置等。对于不设辅助消能工的消力池水力计算，可以按照式（5.21）进行。

等宽矩形断面消力池水平护坦上水跃形态如图 5.24 所示，其水跃消能计算按式（5.21）进行：

$$h_2 = \frac{h_1}{2}(\sqrt{1+8Fr_1^2}-1)$$

$$Fr_1 = v_1\sqrt{gh_1}$$

$$L = 6.9(h_2 - h_1)$$

（5.21）

式中　Fr_1——收缩断面弗劳德数；

　　　h_1——收缩断面水深，m；

　　　h_2——自由水面共轭水深，m；

　　　v_1——收缩断面流速，m/s；

　　　L——水跃长度，m。

渐扩式矩形断面消力池，水平护坦上水跃消能按式（5.22）计算，水跃长度取自由水跃长度的 0.8 倍。

$$h_2 = \frac{h_1}{2}(\sqrt{1+8Fr_1^2}-1)\sqrt{\frac{b_1}{b_2}}$$

（5.22）

式中　b_1、b_2——跃前、跃后断面宽度，m；

　　　其他符号含义同式（5.21）。

等宽矩形断面下挖式消力池的水跃形态如图 5.25 所示，消力池的池长、池深可按式（5.23）计算：

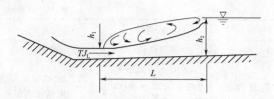

图 5.24　水平光滑护坦水跃

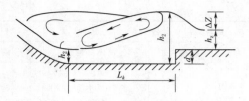

图 5.25　下挖式消力池水跃

$$d = \sigma h_2 - h_i - \Delta Z$$

$$\Delta Z = \frac{Q^2}{2qb^2}\left(\frac{1}{\varphi^2 h_i^2} - \frac{1}{\sigma^2 h_2^2}\right)$$

$$L_k = 0.8L \tag{5.23}$$

式中　d——池深，m；

　　　σ——水跃淹没度，可取 $\sigma = 1.05$；

　　　h_2——池中发生临界水跃时的跃后水深，m；

　　　h_i——消力池出口下游水深，m；

　　　ΔZ——消力池尾部出口水面跌落，m；

　　　Q——流量，m^3/s；

　　　b——消力池宽度，m；

　　　φ——消力池出口段流速系数，可取 0.95；

　　　L——自由水跃的长度，按式（5.21）计算。

5. 出水渠

出水渠水流应平顺、稳定，不产生冲刷破坏。渠道的水面线，可根据下游控制断面水位流量关系和下游水流衔接条件，按能量方程计算。

学习小结

请用思维导图对知识点进行归纳总结。

（1）控制段水力计算主要是（　　　）。

A. 校核溢流堰过流能力，绘制库水位与溢洪道泄流量关系曲线

B. 确定控制段的尺寸

C. 确定控制段的宽度

D. 确定控制段的顺水流方向长度

（2）泄槽水力计算是（　　　）。

A. 确定泄槽底坡为陡坡

B. 确定泄槽底坡为缓坡

C. 确定泄槽的宽度

D. 计算泄槽内水面线，以确定边墙高度

（3）泄槽内水面线计算，采用（　　　）法。

A. 分段　　　　　　B. 分段求和　　　　　　C. 分段求差　　　　　　D. 分段积分

（4）泄槽底坡为陡坡，泄槽的水面线出现最多的是（　　　）。

A. a_{II} 型壅水曲线　　B. b_{II} 型降水曲线　　　C. c_{II} 型壅水曲线　　D. b_{I} 型降水曲线

（5）当泄槽上游连接宽顶堰、缓坡明渠或过渡段时，起始计算断面在（　　　），水深 h_1 采用泄槽首端断面的临界水深 h_k。

A. 泄槽首端　　　　B. 泄槽末端　　　　　C. 控制段首端　　　　D. 控制段首端

（6）泄槽边墙高度根据泄槽（　　　）加 0.5～1.5m 的超高确定。

A. 水深　　　　　　B. 水面线　　　　　　C. 静水位　　　　　D. 掺气后的水面线

（7）为消除弯道段的水面干扰，保持泄槽轴线的原底部高程、边墙高程等不变，以利施工，常将（　　　）。

A. 内、外侧渠底较轴线高程同高

B. 内侧渠底较轴线高程下降 $2\Delta Z$（弯道的外侧水面与内侧水面的高差为 $2\Delta Z$，下同）

C. 内侧渠底较轴线高程抬高 ΔZ，而外侧渠底则下降 ΔZ

D. 内侧渠底较轴线高程下降 ΔZ，而外侧渠底则抬高 ΔZ

段村水库的溢洪道水力设计计算略。

任务5.3　结构设计

（1）黄河小浪底水利枢纽工程溢洪道进水渠采用什么材料衬砌？衬砌是否分缝？封内有没有止水？

（2）黄河小浪底水利枢纽工程溢洪道控制堰是否稳定？如何判定？

（3）黄河小浪底水利枢纽工程溢洪道在设计洪水情况下，作用在控制段上的荷载主要

有哪些?

(4) 如何进行溢洪道控制段的稳定分析?

相关知识

正槽式河岸溢洪道包括进口引渠、控制堰、泄槽段、消能防冲段、出水渠五部分。

5.3.1 进口引渠结构设计

引水渠应根据地质情况、渠线长短、流速大小等条件确定是否需要砌护。岩基上的引水渠可以不砌护,但应开挖整齐。对长的引水渠,则要考虑糙率的影响,以免过多地降低泄流能力。在较差的岩基或土基上,应进行砌护,尤其在靠近堰前区段,由于流速较大,为了防止冲刷和减少水头损失,可采用现浇混凝土板、喷混凝土、浆砌石、干砌石等衬砌,保护段长度,视流速大小而定,一般与导水墙的长度相近。砌护厚度一般为 0.3m,必要时还要进行抗渗和抗浮稳定验算。当有防渗要求时,混凝土砌护还可兼作防渗铺盖。混凝土衬砌应分缝,纵横缝间距可采用 10~15m。

5.3.2 控制堰结构设计

控制堰的结构型式,可采用分离式或整体式。分离式适用于岩性比较均匀的地基,整体式适用于岩性均匀性较差的地基。

分离式底板,必要时应设置垂直水流方向的纵缝,缝的位置和间距应根据地基、结构、气候和施工条件确定。缝内均应设置止水。

控制段的结构设计内容包括:结构型式选择和布置、荷载计算及其组合、稳定计算、结构计算、细部设计、提出材料强度等级、抗冻抗渗等指标及施工要求及混凝土施工温度控制要求。

1. 堰的结构型式

为适应地基不均匀沉降和减小底板内的温度应力,需要沿水闸轴线方向用横缝(温度沉降缝)将闸室分成若干段,每个闸段可为单孔、两孔或三孔。

堰的结构型式可采用分离式或整体式(图 5.26)。横缝设在闸墩中间,闸墩与底板连在一起的,称为整体式底板。整体式底板闸孔两侧闸墩之间不会出现过大的不均匀沉降,对闸门启闭有利,适用于地基均匀性较差的情况;单孔底板上设双缝,将底板与闸墩分开的,称为分离式底板,分离式适用于岩性比较均匀的地基。防渗控制段范围内的缝均应设置止水设施。

2. 荷载及其组合

(1) 荷载。作用在控制段上的荷载主要有:结构自重及其上的永久设备重量、静水压力、扬压力、波浪压力、泄流的动水压力、土压力、淤沙压力、冰压力、地震荷载及其他荷载等,如图 5.27 所示。

1) 自重。控制堰结构自重及其上的永久设备重量,包括控制堰底板自重、闸墩自重、闸门自重、启闭机自重、工作桥及交通桥自重等。大体积混凝土结构的材料容重可采用 23.5~24.0kN/ m³。

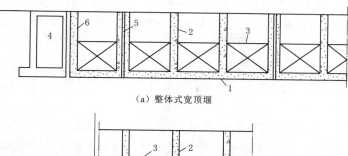

（a）整体式宽顶堰

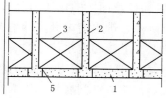

（b）分离式宽顶堰

图 5.26　堰的结构型式

1—底板；2—中墩；3—闸门；4—岸墙；5—温度沉降缝；6—边墩

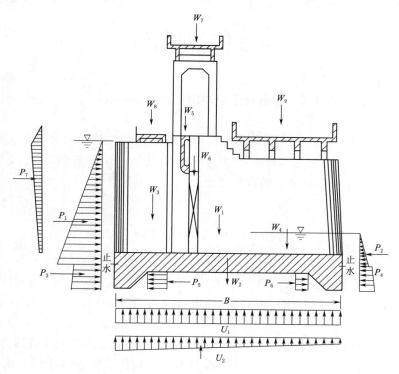

图 5.27　控制段荷载示意图

W_1、W_2、$\cdots$、W_9—闸墩、底板、水、胸墙、闸门及工作桥自重；

P_1、P_2、$\cdots$、P_7—静水压力、浪压力等水平荷载；

U_1—浮托力；U_2—渗流压力

2) 静水压力。静水压力包括水平方向静水压力和竖直方向的静水压力两部分。

水平方向静水压力计算时，止水片顶面以上部分按静水压力计算，止水片底面及以下部分按扬压力计算。

竖直方向的静水压力即为底板上的水重。

3) 浪压力。波浪要素的计算，与土石坝设计波浪要素计算公式一致。本次设计忽略浪压力的计算。

4) 扬压力计算。作用于建筑物计算面上的扬压力分布图，应根据水工结构型式，上、下游计算水位，地基地质条件及防渗、排水措施等实际情况确定。确定扬压力分布图形时的计算水位应与计算静水压力的上、下游相应水位一致。

a. 岩基上控制段底面的扬压力计算。扬压力包括渗透压力和浮托力两部分，浮托力大小与控制段下游侧的水深有关，控制段（闸底板）底面某点的托力等于水的重度乘以该点在下游侧水位以下的深度。渗透压力的分布如图 5.28 所示，计算公式为式（5.24）～式（5.26）。

对于底板下面未设灌浆帷幕和排水孔时，底板底面上游端的渗透压力作用水头为 $H-h_s$，下游端为零，其间以直线连接，如图 5.28（a）所示。底板底面上的渗透压力 U 按式（5.24）计算：

$$U=\frac{1}{2}\gamma(H-h_s)L \tag{5.24}$$

式中　U——渗透压力，kN/m；

L_1——排水孔中心线与底板底面上游端的水平距离，m；

其余符号含义见图 5.28。

对于底板下面同时设灌浆帷幕和排水孔时，底板底面上游端的渗透压力作用水头为 $H-h_s$、排水孔中心处为 $\alpha(H-h_s)$、下游端为零，其间各段以直线连接，如图 5.28（b）所示，作用在底板底面的渗透压力按式（5.25）计算：

$$U=\frac{1}{2}\gamma(H-h_s)(L_1+\alpha L) \tag{5.25}$$

式中　U——渗透压力，kN/m；

α——渗透压力强度系数，取 0.25；

L_1——排水孔中心线与闸底板底面上游端的水平距离，m；

其余符号含义见图 5.28。

对于底板下面仅设灌浆帷幕、不设排水孔时，底板底面上游端的渗透压力作用水头为 $H-h_s$、帷幕中心处为 $\alpha(H-h_s)$、下游端为零，其间各段以直线连接，如图 5.28（c）所示，底板底面的渗透压力按式（5.26）计算。

$$U=\frac{1}{2}\gamma(H-h_s)(L_1+\alpha L) \tag{5.26}$$

式中　U——渗透压力，kN/m；

α——渗透压力强度系数，取 0.5；

L_1——帷幕中心线与闸底板底面上游端的水平距离，m；

其余符号含义见图 5.28。

b. 非岩基上控制段底面的扬压力计算。非岩基上控制段底面的扬压力分布图形，应根据上、下游计算水位，底板地下轮廓线的布置情况，地基土质分布及其渗透特性等条件分析确定。渗透压力可采用改进阻力系数法、直线比例法计算。

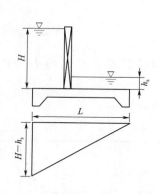
（a）未设灌浆帷幕和排水孔

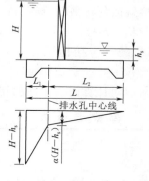
（b）同时设灌浆帷幕和排水孔

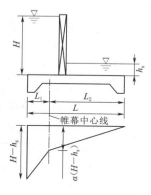
（c）仅设灌浆帷幕

图 5.28 控制段底板的渗透压力分布图

直线比例法，假定渗流沿地下轮廓的渗透坡降是一个恒定值，即水头损失按直线变化。当渗流水头 H 及防渗长度 L 已定，即可按直线比例求出地下轮廓各点的渗流压力，这种方法称为直线法。将防渗长度 1、2、3、4、5、6、7、8、9、10、11 展开，按一定比例绘水平线，在渗流开始处作一长度为 H 的垂线，将垂线顶点用直线和渗流出口相连，即得地下轮廓展开为直线后的渗流压力分布图。土基上控制段渗流压力计算图如图 5.29 所示。

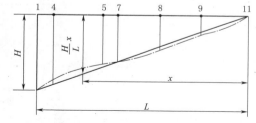

图 5.29 土基上控制段渗流压力计算图

任一点的渗流压强 h_x，由式（5.27）计算

$$h_x = \frac{H}{L}x \tag{5.27}$$

（2）荷载组合。根据溢洪道设计规范规定，控制段的抗滑稳定、基底应力计算分别验算完建期、运行、检修期、施工期、地震等不同工作情况下的稳定性。控制段抗滑稳定、基底应力计算的荷载组合应根据表 5.15 的规定、选择最不利的情况进行计算。

（3）控制段的稳定分析。对于孔数较少而未分缝的小型工程，可取整个控制段（包括边墩）作为验算单元；对于孔数较多设有沉降缝的控制段，则应取两缝之间的控制堰闸室单元进行验算。

控制段的稳定分析可采用刚体极限平衡法；基底应力及实用堰的堰体应力分析可采用材料力学法，重要工程或受力条件复杂时可用有限元法。

1）按抗剪断强度公式计算。按抗剪断强度公式计算堰基面的抗滑稳定，抗滑稳定安全系数由式（5.28）计算。

$$K' = \frac{f' \sum W + c'A}{\sum P} \tag{5.28}$$

式中　K'——按抗剪断强度计算的抗滑稳定安全系数；

　　　f'——堰体混凝土与基岩接触面的抗剪断摩擦系数；

　　　c'——堰体混凝土与基岩接触面的抗剪断凝聚力，kPa；

　　　A——堰体与基岩接触面面积，m^2；

　　$\sum W$——作用于堰体上全部荷载（包括扬压力，下同）对计算滑动平面的法向分力，kN；

　　$\sum P$——作用于堰体上全部荷载对计算滑动平面的切向分力，kN。

表 5.15　　　　　　　　　荷　载　组　合　表

荷载组合	计算情况	荷 载										说　明
		1	2	3	4	5	6	7	8	9	10	
		自重	静水压力	扬压力	波浪压力	动水压力	土压力	淤沙压力	冰压力	地震荷载	其他	
基本组合	完建情况	√	—	—	—	—	√	—	—	—	√	必要时，可考虑地下水产生的扬压力
	正常蓄水位情况	√	√	√	√	—	√	√	—	—	√	
	设计洪水位情况	√	√	√	√	√	√	√	—	—	√	
	冰冻情况	√	√	√	—	—	√	√	√	—	—	按正常蓄水位计算静水压力和扬压力
特殊组合	施工情况	√	—	—	—	—	√	—	—	—	√	应考虑施工过程中各阶段的临时荷载
	检修情况	√	√	√	√	—	√	√	—	—	√	按正常蓄水位组合（必要时可按设计洪水位组合或冬季低水位条件）计算静水压力、扬压力及波浪压力
	校核洪水位情况	√	√	√	√	√	√	√	—	—	√	
	地震情况	√	√	√	√	—	√	√	—	√	—	按正常蓄水位组合计算静水压力、扬压力及波浪压力，有论证时可另做规定

注　正常蓄水情况考虑排水失效时，按特殊组合进行计算。

2）按抗剪强度公式计算堰基面的抗滑稳定。按抗剪强度公式计算堰基面的抗滑稳定，抗滑稳定安全系数为

$$K = \frac{f \sum W}{\sum P} \qquad (5.29)$$

式中　K——按抗剪强度计算的抗滑稳定安全系数；

　　　f——坝体混凝土与基岩接触面的抗剪摩擦系数。

3）抗滑稳定安全系数允许值。

a. 按抗剪断强度式（5.28）计算的堰基面抗滑稳定安全系数 K' 值不应小于表 5.16 的规定。

b. 按抗剪强度式（5.29）计算的堰基面抗滑稳定安全系数 K 值不应小于表 5.17 的规定。

表 5.16　堰基面抗滑稳定安全系数 K'

荷载组合	K'	
基本组合	3.0	
特殊组合	（1）	2.5
	（2）	2.3

注　地震情况为特殊组合（2），其他特殊组合为特殊组合（1）。

表 5.17　堰基面抗滑稳定安全系数 K

荷载组合		溢洪道的级别		
		1 级	2 级	3 级
基本组合		1.10	1.05	1.05
特殊组合	（1）	1.05	1.00	1.00
	（2）	1.00	1.00	1.00

注　地震情况为特殊组合（2），其他特殊组合为特殊组合（1）。

5.3.3　泄槽结构设计

为了保护泄槽地基不受高速水流的冲刷破坏及风化破坏，泄槽通常都需衬砌，可以用混凝土、水泥浆砌条石或块石等型式，如图 5.30 所示。

1. 泄槽底板结构设计

泄槽底板衬砌厚度应根据溢洪道规模及其与坝的相对位置、沿线的工程地质和水文地质条件、水力特征、气候条件、水流挟沙情况等因素，并参照类似工程经验进行类比确定。大、中型工程，由于槽内流速较高，一般用混凝土衬砌，厚度不小于 0.3m，靠近衬砌的表面沿纵横向需配置温度钢筋，含筋率约 0.1%；土基上泄槽通常用混凝土衬砌，衬砌厚度一般要比岩基上的大，通常为 0.3～0.5m，需要双向配筋，各向含筋率约为 0.1%；寒冷及严寒地区的溢洪道泄槽底板厚度不应小于 0.4m。

根据泄槽底板的稳定要求，可采取防渗、排水、止水、锚固等必要的工程措施。

（1）分缝与止水。衬砌上应设置横缝（垂直水流向）和纵缝（顺水流向）。衬砌的纵、横缝一般用平缝，当地基不均匀性明显时，横缝可采用搭接缝或键槽缝，如图 5.30(c) (d) (e) 所示。纵、横缝的间距应考虑气候特点、地基约束情况、混凝土施工（特别是温度）条件，根据类似工程的经验确定，其大小一般采用 10～15m。横缝布置宜避开掺气水舌冲击区。一般情况下，横缝要求比纵缝严格，陡坡段要比缓坡段严格，地质条件差的部位要比地质条件好的部位严格。土基对混凝土板伸缩的约束力比岩基小，所以可以采用较大的分块尺寸，纵横缝的间距可用 15m 或稍大，以增加衬砌的稳定性和整体性。

接缝处衬砌表面应结合平整，特别要防止下游表面高出上游表面。衬砌分缝的缝宽随分块大小及地基的不同而变化，一般多采用 1～2cm，缝内必须做好止水，如图 5.30(c) (d) (e) 所

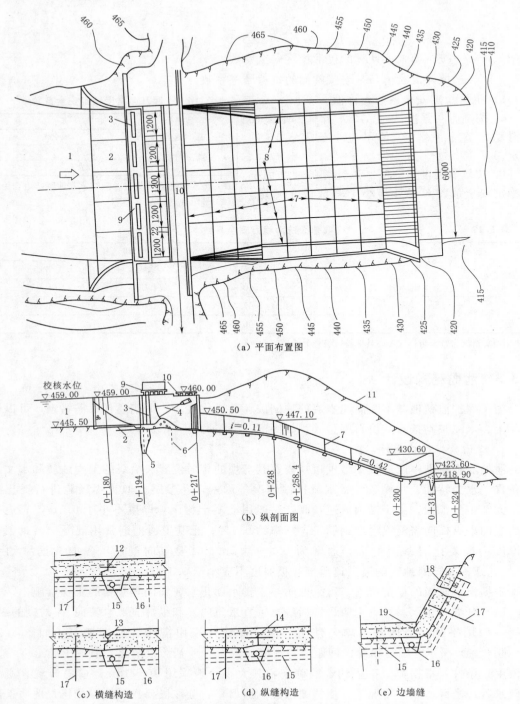

（a）平面布置图

（b）纵剖面图

（c）横缝构造　　　　（d）纵缝构造　　　　（e）边墙缝

图 5.30　岩基上溢洪道设计图（高程、桩号：m，其余尺寸：cm）

1—进水渠；2—混凝土护底；3—检修门槽；4—工作闸门；5—帷幕；6—排水孔；7—横缝；8—纵缝；
9—工作桥；10—公路桥；11—开挖线；12—搭接缝；13—键槽缝；14—平接缝；15—横向排水管；
16—纵向排水管；17—锚筋；18—通气孔；19—边墙缝

示，止水效果越良好，作用在底板上向上的脉动压力越小，底板的稳定性提高。

对可能发生不均匀沉陷或不设锚筋的泄槽底板，宜在板块上游端设置齿槽，其作用是阻滑、嵌固、减少纵向渗流，采用上、下游板块全搭接横缝；也可在板块上、下游端均设齿槽，如图 5.30（b）所示，但不应只在板块下游端设置齿槽，因为在下游端设齿墙，易在横缝处形成突坎，造成空蚀，而且会使水流钻入下游板块底部，抬动底板。

（2）衬砌的排水。纵缝和横缝下面应设置排水设施，且互相连通渗水集中到纵向排水内排向下游，如图 5.30（c）（d）（e）所示。纵向排水通常是在沟槽内放置缸瓦管，管径视渗水大小确定，一般采用 10～20cm。周围用 1～2cm 的卵石或碎石填满，顶部盖混凝土板或沥青油毛毡等。当流量较小时，纵向排水也可以在岩基上开槽沟，沟内填不易风化的砾石或碎石，上盖水泥袋，再浇混凝土。横向排水通常是在岩石上开挖沟槽，尺寸视渗水大小而定，一般采用 0.3m×0.3m。纵向排水管至少应设置两排，以确保排水通畅。

（3）底板锚固。在岩基上应注意将表面风化破碎的岩石挖除。有时用锚筋将衬砌和岩基连在一起，以加强衬砌与地基的结合、增加衬砌的稳定性。锚筋的直径、间距、和插入深度与岩石性质、节理构造有关。一般每平方米的衬砌范围约需 1cm² 的钢筋。钢筋直径不宜太小，通常采用 25mm 或更大，间距为 1.5～3.0m，插入深度大至为 40～60 倍钢筋直径。

黄河小浪底工程溢洪道设计时，为确保泄槽底板运用安全，在泄槽底板下设置三条纵向排水管及多条横向排水管，在底板与边墙、底板与底板分缝处均设置有 PVC 止水。由于影响底板稳定的因素很多，有些因素尤其是扬压力系数，一般很难准确确定。因此，在底板下面设置直径 25mm@2m 的锚筋，并焊于底板表层 Φ16@200 的钢筋网上，以加强底板的稳定。

2. 泄槽边墙结构设计

泄槽边墙的构造基本上与底板相同。边墙的横缝间距与底板一致，缝内设止水，其后设排水并与底板下的排水管连通。在排水管靠近边墙顶部的一端设通气孔以便排水通畅。边墙顶部应设马道，以利于交通。边墙本身不设纵缝，但多在与边墙接近的底板上设置纵缝。边墙的断面型式，根据地基条件和泄槽断面形状而定，岩石良好，可采用衬砌式，厚度一般不小于 0.30m，当岩石较弱时，需将边墙做成重力式挡土墙，其顶宽应不小于 0.5m。

黄河小浪底工程溢洪道设计时，边墙按温度筋配置，即沿混凝土表面布设 Φ16@200 的钢筋网，迎水面顺水流方向钢筋为 Φ22@200。

5.3.4 消能段结构设计

1. 挑流消能设计

挑流鼻坎顺水流向纵缝的间距可采用 10～15m。挑流鼻坎一般不设垂直水流方向的结构缝。顺水流向的分缝间距可根据气候、地基约束及混凝土施工条件等，参考类似工程经验研究确定，挑坎设置抗冲磨混凝土层。

挑坎的结构型式一般有重力式、衬砌式两种，后者适用坚硬完整岩基。在挑坎的末端做一道深齿墙，以保证挑坎的稳定，如图 5.31 所示。齿墙的深度根据冲刷坑的形状和尺寸决定，一般可达 7～8m。若冲坑加深，齿墙也应加深。

挑坎与岩基常用锚筋连为一体，在挑坎的下游常做一段长约 10m 的混凝土短护坦。

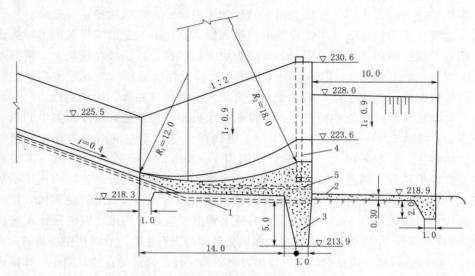

图 5.31　差动式挑流消能设计图（单位：m）

1—纵向排水；2—护坦；3—混凝土齿墙；4—φ50cm 通气孔；5—φ10cm 排水管

2. 底流消能设计

消力池的护坦也需要分缝，缝距 10～15m，缝中设置止水。垂直水流方向的缝宜采用半搭接缝或键槽缝，顺水流向的缝宜采用键槽缝。

3. 出水渠

出水渠的断面形式一般为梯形或矩形，其断面结构按渠道断面设计。

🔖学习小结

请用思维导图对知识点进行归纳总结。

学习测试

（1）扬压力包括（　　　）。

A. 渗透压力　　　　　B. 浮托力　　　　　C. 静水压力　　　　　D. 浪压力

（2）岩基上控制段底面的扬压力分布图形按（　　　）规定确定。

A. 直线比例法　　　　　　　　　　B. 改进阻力系数法

C. 阻力系数法　　　　　　　　　　D. 实体重力坝的

（3）情况下，荷载组合为地震情况的非常运用时，其水压力、扬压力的计算按（　　　）。

A. 设计洪水位　　　　B. 校核洪水位　　　　C. 正常蓄水位　　　　D. 死水位

（4）溢洪道为 3 级建筑物，基本荷载组合，按抗剪断强度公式计算堰基面抗滑稳定安全系数 K'，其值不应小于（　　　）。

A. 1.0　　　　　　　　B. 2.3　　　　　　　　C. 2.5　　　　　　　　D. 3.0

（5）溢洪道为 3 级建筑物，基本荷载组合，按抗剪强度公式计算堰基面抗滑稳定安全系数 K，其值不应小于（　　　）。

A. 1.00　　　　　　　　B. 1.05　　　　　　　　C. 2.50　　　　　　　　D. 3.00

技能训练

请对你设计的溢洪道进行结构及细部构造设计。

任务5.4　地基及边坡处理设计

导向问题

（1）黄河小浪底水利枢纽工程溢洪道的控制段采用哪些地基处理措施？

（2）小浪底水利枢纽两岸边坡地质存在什么问题？如果不加以处理，会造成什么后果？

相关知识

溢洪道在工作时，结构上的水压力、浪压力、泥沙压力、地震力及闸门自重等荷载传给地基，使地基受到很大的压力和剪力作用。因此溢洪道的地基应有足够强度，受力后有较小的变形；有较小的透水性和较强的抗侵蚀性；岩基应完整，没有难以处理的断层、破碎带等，而天然地基由于长期经受地质作用，一般存在风化节理裂隙等缺陷，有时还有断层、破碎带和软弱夹层，一般较难满足上述要求，因此需要采取适当的处理措施。

地基处理的主要任务有：①防渗和排水，降低扬压力、减少渗漏量；②提高基岩的强度和整体性，满足强度和抗滑稳定的要求。

地基处理的主要内容：①地基开挖及清理；②地基的加固处理；③地基的防渗处理；④地基的排水。

1. 地基开挖与清理

地基开挖与清理的目的是使溢洪道坐落在稳定、坚固的地基上。溢洪道的地基开挖根据建筑物对地基的要求，结合地质条件，工程处理措施等综合研究确定：控制段、消能段等重要部位的地基应开挖至弱风化的中部至上部岩层；不衬砌的泄槽应开挖至坚硬、完整的新鲜或微风化岩层；对开挖后暴露在大气或水中易于开裂或强度迅速降低的基岩应提出保护措施，可采用喷浆保护、可预留保护层，分段开挖并及时浇筑混凝土。

建筑物的基坑形状应根据地形、地质条件及上部结构的要求确定，开挖面宜连续平顺。

（1）控制段基础开挖。控制段基础面上、下游高差不宜过大，并宜略向上游倾斜；若基础面高差过大时，应开挖成带钝角的大台阶状；当控制段建基面略向下游倾斜时，可在上游端设齿槽。

（2）泄槽段基础开挖。泄槽底板建基面较陡时，可在底板上游端设齿槽；边墙地基可分段开挖成台阶状。

老挝南公水电站溢洪道地基开挖图

在混凝土浇筑之前，需用风镐或撬棍清除坝基面起伏度很大的和松动的岩块，用混凝土回填封堵勘探钻孔、竖井和探洞等，对地基面进行彻底清理和冲洗，保证混凝土与岩基面黏结牢固。

2. 固结灌浆

固结灌浆是利用钻孔将高标号的水泥浆液或化学浆液压入岩体中，封闭裂隙，加强基岩的完整性，达到提高岩体强度和刚度的目的。一般在溢洪道在控制段、消能段地基范围内进行，适用于坝基岩石在较深范围内节理裂隙发育，透水性大，开挖处理不经济的情况。

固结灌浆的范围和深度应根据地基岩体的破碎程度、风化深度、裂隙发育程度和基础应力情况确定。灌浆孔呈梅花状或方格状布置（图 5.32）：孔距、排距和孔深应根据岩体的破碎程度、节理发育程度及基础应力综合考虑，孔距和排距为 2～4m，孔深为 3～5m。

钻孔方向垂直于基岩面。当存在裂隙时，为了提高灌浆效果，钻孔方向尽可能正交于主要裂隙面，灌浆孔孔径不宜小于 56mm。灌浆孔或灌浆段在灌浆前应采用压力水进行裂隙冲洗，冲洗压力采用灌浆压力的 80% 并不大于 1MPa，冲洗时间为 20min 或至回水清净时止（简易压水试验可结合裂隙冲洗进行）。灌浆采用全孔一次灌浆法。固结灌浆的浆液水灰比可采用 3、2、1、0.5 四级，灌浆时先用稀浆，而后逐步加大浆液的稠度，灌浆压力无混凝土盖重时一般为 0.1～0.3MPa，有混凝土盖重时一般为 0.2～0.5MPa，以不掀动岩石为限。当灌浆段在最大设计压力下，注入率不大于 1L/min 后，继续灌注 30min，可结束灌浆。灌浆孔灌浆结束后，可采用导管注浆法封孔。固结灌浆施工工艺流程如图 5.33 所示。

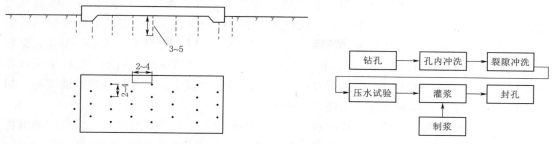

图 5.32 溢洪道的控制段固结灌浆孔的布置（单位：m）　　图 5.33 固结灌浆施工工艺流程

3. 帷幕灌浆

根据溢洪道的防渗设计，控制堰基及其两岸的防渗措施，采取帷幕灌浆。防渗帷幕的范围及深度为：地基下存在有可靠的相对隔水层且埋深较浅时，防渗帷幕应伸入到该隔水层内 2~3m，相对隔水层透水率的控制标准应小于 5Lu，并与坝肩帷幕防渗标准相协调；地基内相对隔水层埋藏较深或分布无规律时，帷幕深度应考虑水文地质、工程地质条件，基础排水措施和渗流计算成果，结合已建工程经验确定。非岩溶地区的防渗帷幕深度可在 0.3~0.7 倍堰基面最大水深范围内选择。

帷幕灌浆应设置一排灌浆孔，帷幕灌浆的孔距可取为 1.5~3.0m。钻孔的方向宜采用铅直或略向上游倾斜，应使钻孔尽量穿过岩体的层面和主要裂隙，但是不宜倾向下游。

帷幕灌浆必须在有一定厚度混凝土盖重及固结灌浆后进行，以保证岩体的灌浆压力。帷幕灌浆的压力应通过试验确定，通常在灌浆孔表层部分，灌浆压力不小于 0.2MPa；孔底部分不宜小于 0.4MPa；但以不抬动岩体为原则。帷幕灌浆施工工艺流程如图 5.34 所示。

图 5.34 帷幕灌浆工艺流程图

4. 排水设施

溢洪道的地基排水与帷幕灌浆相结合是降低地基渗透压力的重要措施。地基排水应该能够有效排泄通过建筑物地基、岸坡及衬砌接缝的渗水，充分降低渗透压力。

溢洪道的堰（闸）基底宜设一排主排水孔。排水孔应布置在帷幕孔下游的廊道或集水沟（管）内，与帷幕灌浆孔的间距在基底面不宜小于 2m。主排水孔距为 2~3m，孔深应根据防渗帷幕和固结灌浆深度及地质条件确定，深度约为防渗帷幕深度的 0.4~0.6 倍；且不小于固结灌浆孔的深度。

5. 断层、软弱夹层及岩溶处理

溢洪道地基范围内的断层破碎带和软弱夹层处理措施，应根据其所在部位、埋藏深度、产状、宽度、组成物性质以及试验资料，对上部结构和地基的影响，结合施工条件和类似工程经验确定。

对于陡倾角的断层破碎带，根据其规模、岩性及上部结构要求，应采用下列处理方法：建筑物地基下的断层破碎带，若组成物质为坚硬构造岩，可适当挖除，加强固结灌浆处理；若断层破碎带组成物质为软弱构造岩，且规模不大时，应根据上部结构型式，分别采用混凝土塞（图 5.35）、板、梁、拱（图 5.36）等跨越结构措施；当断层破碎带为软弱构造岩组成，且规模较大时，应进行专门研究，并根据类似工程经验，采用加铺钢筋、加厚底板、扩大基础、锚杆或预应力锚索等措施。

地基存在缓倾角断层破碎带或软弱夹层时，可采用挖除后回填混凝土、灌浆、防滑齿墙、抗滑桩、抗滑塞（键）或预应力锚索等措施。

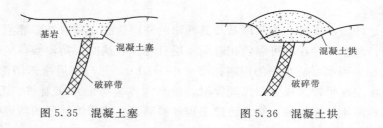

图 5.35　混凝土塞　　　　　　　　图 5.36　混凝土拱

6. 边坡开挖与处理

对边坡进行稳定性分析应考虑边坡岩性、岩体控制结构面产状及特性与边坡形状的关系、施工方法等因素，还应考虑地下水、降雨、泄洪雨雾、开挖爆破、地震等影响、边坡加固措施，根据稳定分析成果，可分别采用削坡减载、锚喷、锚杆、锚筋桩、抗滑桩、预应力锚索（设计流程图如图 5.37 所示）等措施。

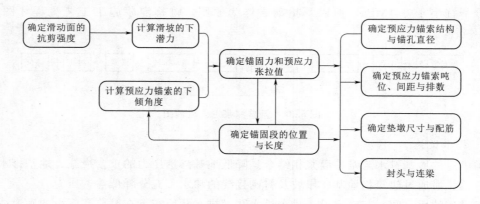

图 5.37　预应力锚索设计流程图

边坡开挖宜分级设置马道，边坡马道分级高度选用 10～30m，马道宽度 1.5～3m，结合交通道路的马道可以适当加宽。边坡表面进行防护处理时，可根据地质条件分别采用植被、砌石或挂网喷护等措施，并兼顾环境与生态的要求。

边坡应设置排水设施，宜沿边坡走向结合马道位置布设纵横排水沟排除地表水，并采用截（排）水沟或其他疏导分流措施，防止或减少边坡外地表水汇入。

学习小结

请用思维导图对知识点进行归纳总结。

学习测试

（1）溢洪道地基大面积范围内布置浅孔，用低压水泥浆或水泥砂浆进行灌注以提高基岩的整体性和强度的地基处理方法是（　　）。

A. 回填灌浆　　　　　　　　　B. 帷幕灌浆

C. 固结灌浆　　　　　　　　　D. 防渗灌浆

（2）溢洪道地基上进行帷幕灌浆的灌浆材料最常用的是（　　）。

A. 水泥浆　　　　　　　　　　B. 沥青混凝土

C. 黏土浆　　　　　　　　　　D. 塑胶

技能训练

段村水库位于颍河上游登封境内，坝址位于段村西头颍河干流上，控制流域面积94.1km²。流域内南部多石山，小部分为丘陵，已耕种，北部为丘陵，大部分为梯田，山区平均地面坡度约为1/10～1/15左右，丘陵地区平均地面坡度1/50左右，水土流失不严重，河流平均纵坡为1/130。该水库主要任务以灌溉为主，结合灌溉进行发电。灌溉下游左岸43500亩，灌溉最大引水量4m³/s。引水高程347.49m，发电装机容量75kW。

水库位于低山丘陵区南部多山，高程在400～500m之间，发育南北向冲沟。北、西、东多为第四纪黄土覆盖的丘陵阶地，高程在300～400m之间，颍河由西向东流经坝区。

库区岩层均为第三纪砂页岩，无大的不利地质构造，滩地覆盖层厚 3.5～10m。坝址两岸为黄色石英砂岩岩石坚硬，但裂隙较为发育，渗漏性不大。地震基本烈度为 6 度。该坝址处两岸河谷狭窄，左岸有南北向冲沟，有利于布置溢洪道。

根据溢洪道处地基及两岸边坡地址情况，选择合适的地基处理方法。

在地基开挖时应把覆盖层和严重的风化层全部挖除，沿泄槽轴线方向的两岸岸坡坝段基础，开挖成有足够宽度的分级平台，并注意根据开挖的深度调整平台的宽度和高程。

按《溢洪道设计规范》（SL 253—2000）对控制堰基级岸坡进行固结灌浆，灌浆孔的孔距、排距和孔深为 2m，孔深为 3m，灌浆压力为 0.1～0.3MPa。

在控制堰底板上游齿墙范围进行帷幕灌浆，深度为 0.3～0.7 倍堰上水深，取 15m，一排灌浆孔，孔距为 2.0m，钻孔的方向略向上游倾斜，使钻孔尽量穿过岩体的层面和主要裂隙。灌浆压力以不抬动岩体为原则，不小于 0.2～0.5MPa。

帷幕灌浆结束，在帷幕灌浆孔向下游设置一排主排水孔幕，与帷幕灌浆孔的间距 6m，孔深为防渗帷幕深度的 0.4～0.6 倍，且不小于固结灌浆孔的深度，本次设计取 7m。

项目6　设计图识读与模型制作

本模块为选择项，对大坝、溢洪道结构计算设计有困难时，选做本模块——水工建筑物设计图的识读与模型制作，本模块有3个工程土石坝典型断面设计图，请识读设计图，回答相关问题。

1. 水工建筑物设计图的识读

（1）查看黄河小浪底水利枢纽工程土石坝设计图，回答下列问题：

1）该坝的坝型为土石坝，该坝的坝顶高程是多少？正常蓄水位是多少？

2）该坝坝基是什么，地基处理目的是什么，方法是什么？

3）上游坝坡、下游坝坡坡度分别是多少？

4）大坝采取的防止发生渗透破坏的设施是什么？

（2）查看陆浑水库典型断面图（图2.2），回答下列问题：

1）该坝的坝型为哪类土石坝，该坝的坝顶高程是多少？坝高是多少？设计洪水位是多少？

2）该坝坝基是什么地基？透水层厚度是多少？地基处理目的是什么，采用的防渗设施是什么？

3）上游坝坡、下游坝坡坡度分别是多少？

4）大坝采取的防止发生渗透破坏的设施是什么？

（3）查看淮河干流唯一水库——出山店水库土石坝典型断面图（图6.1），请回答以下问题：

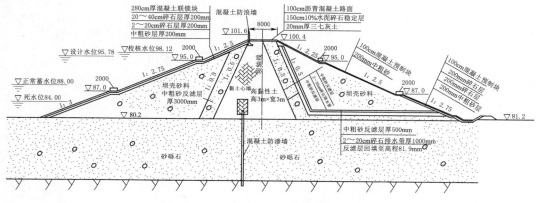

图 6.1　出山店水库土石坝典型断面图

1）该坝的坝型为哪类土石坝，该坝的坝顶高程是多少？坝高是多少？水库的特征水位有哪些？水库的特征水位分别是多少？

2）该坝坝基是什么地基？透水层厚度是多少？地基处理目的是什么，采用的防渗设施是什么？

3）上游坝坡、下游坝坡坡度分别是多少？

4）上游坝坡、下游坝坡护坡分别是什么类型？作用是什么？

5）土石坝的防渗体、排水体是什么型式？

2．水工建筑物模型制作

根据要求制作一个土石坝或溢洪道模型，材料不限。

参 考 文 献

［1］ 水利水电工程等级划分及洪水标准 SL 252—2017 ［S］

［2］ 碾压式土石坝设计规范 SL 274—2020 ［S］

［3］ 溢洪道设计规范 SL 253—2018 ［S］

［4］ 高广淳. 大坝设计 ［M］. 郑州：黄河水利出版社，2008.

［5］ 李梅华，吕桂军. 土石坝设计与施工 ［M］. 北京：中国水利水电出版社，2021.

［6］ 李梅华. 水工建筑物 ［M］. 北京：中国水利水电出版社，2022.

［7］ 焦爱萍，陈诚. 水工建筑物 ［M］. 3 版，北京：中国水利水电出版社，2015.

［8］ 焦爱萍. 水利水电工程专业毕业设计指南 ［M］. 郑州：黄河水利出版社，2003.

［9］ 李炜. 水力计算手册 ［M］. 2 版. 北京：中国水利水电出版社，2006.

［10］ 关志诚，等. 水工设计手册（第 6 卷）土石坝 ［M］. 2 版. 北京：中国水利水电出版社，2014.

［11］ 张基尧. 黄河小浪底建设工程技术论文集 ［M］. 北京：中国水利水电出版社，1997.

［12］ 朱经祥，石瑞芳. 中国水力发电工程（水工卷）［M］. 北京：中国水利水电出版社，2000.

［13］ 林继镛，张社荣. 水工建筑物 ［M］. 6 版. 北京：中国水利水电出版社，2019.

［14］ 水工建筑物抗震设计标准 GB 51247—2018 ［S］